Keine ZEIT zu GÄRTNERN

EASY ERNTEGLÜCK
MIT WENIG AUFWAND

Sandra Jägers

Keine ZEIT zu GÄRTNERN

EASY ERNTEGLÜCK MIT WENIG AUFWAND

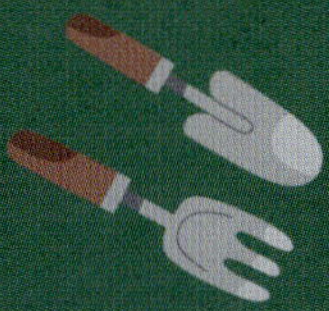

EIN BUCH DER
EDITION MICHAEL FISCHER

INHALT

Grundlagen

Keine Zeit zu Planen

Keine Zeit zum Vorziehen

Keine Zeit zu Pflegen

Keine Zeit zu Naschen

VORWORT

Bei der Gartenarbeit kann ich alles um mich herum vergessen und Stunde um Stunde voll in meinem Element aufgehen. Zu beobachten, wie aus einem winzigen Saatkorn eine große Pflanze heranwächst, die vielleicht sogar köstliche Früchte trägt, ist für mich absolut erfüllend. Säen, pflanzen, buddeln, ernten – das könnte ich jeden Tag machen. Für mich ist die Zeit im Garten unbezahlbar. Doch Zeit ist ein kostbares Gut.

Zeit ist genau das Stichwort, um welches es in diesem Buch geht. Ich freue mich, dass du dir die Zeit nimmst, es zu lesen.

Der Alltag ist vollgepackt mit Familie und Freunden, mit der ganz alltäglichen Arbeit, dem normalen Leben. Grund genug, sich immer wieder zu erden – und das gelingt am besten im Garten. Selbst wenn es nur fünf Minuten sind. Das ist oft schon ausreichend, und auch mit wenig Zeit kann man eine ganze Menge erreichen.

Wenn dir oft die Zeit fehlt, du aber dennoch im Sommer Gurken und Tomaten ernten, sonnengereifte Himbeeren pflücken und im Herbst Teekräuter sammeln willst, dann hilft dir dieses Buch vielleicht dabei, mit möglichst wenig, dafür effizient genutzter Zeit dem Selbstversorgergarten ein kleines Stück näher zu kommen.

Ganz ohne Zeit wird es nicht gehen, das ist ganz klar. Aber der Aufwand wird sich in Grenzen halten mit ein paar einfachen Tricks und den richtigen Plänen und Ideen. Die Beetpläne in diesem Buch lassen sich ganz leicht Schritt für Schritt umsetzen. Du wirst erstaunt sein, mit wie wenig Aufwand man goldgelbe Kürbisse, süße Erdbeeren und duftenden Rosmarin ernten kann. Und auch für den Balkon und die Terrasse habe ich Tipps für dich. Denn auf kleinem Raum ist das Ernten von eigenem Gemüse, Kräutern und Beeren ebenso möglich.

Dann wollen wir keine Zeit verlieren & legen gleich los!

Grüneliebe Grüße,

deine Sandra

KAPITEL 1

Grund-LAGEN

Darf es ein bisschen Theorie sein? Keine Sorge, es geht gleich in den Garten, denn ich fasse in diesem Kapitel die Grundlagen in übersichtlichen Tabellen und anschaulichen Infos zusammen, damit du schnell, aber gut gerüstet loslegen kannst. Neben Infos zum passenden Equipment sowie zum Gärtnern im Hochbeet und in Kübeln findest du eine praktische Übersicht, welche Aufgaben in welchem Monat anfallen.

GUT VORBEREITET GEHT'S IN DEN GARTEN

Hast du dir schon ein paar Gartengeräte besorgt, und weißt du, wann was zu tun ist? Einen Überblick über alles, was du brauchst, um in deinem Naschgarten richtig loszulegen, gebe ich dir auf den folgenden Seiten.

WAS BRAUCHT MAN ZUM GÄRTNERN?

Für die Arbeit im Nutzgarten benötigst du Werkzeuge und Utensilien, mit denen dir die anfallenden Tätigkeiten leicht von der Hand gehen.

Meine persönliche Empfehlung: Ein Werkzeuggürtel oder eine Utensilientasche ist praktisch, um immer alles Notwendige griffbereit und an Ort und Stelle zu haben.

GARTENGERÄTE-MUST-HAVES

Handschuhe und gutes Schuhwerk	Gegen kleinere Verletzungen sind Handschuhe ein Muss, genauso wie gutes Schuhwerk, zum Beispiel Gummistiefel.
Grubber	Geformt wie eine Hühnerkralle, dient der Grubber zur Vorbereitung der Beete. Der Boden wird durch die stabilen Zinken gelockert und Unkräuter mitsamt Wurzel aus dem Boden entfernt.
Hacke	Während der Vegetationsphase der Pflanzen wird mit der Hacke die Erde gelockert, damit Luft und Wasser an den Wurzelballen gelangen.
Harke / Kleinrechen	Mit der Harke oder dem Kleinrechen wird die Erdoberfläche bearbeitet, um Erde zu verteilen, zu lockern und zu ebnen. Außerdem können damit Unkräuter entfernt und grobe Teile aus dem Beet gerecht werden.
Spaten und Grabegabel	Für Bodenarbeiten und das Buddeln größerer Pflanzlöcher sind Spaten und Grabegabel fast unerlässlich, werden aber eher selten gebraucht.
Gartenschere / Messer	Eine gute Universalgartenschere wird dein ständiger Begleiter sein, denn es gibt immer wieder etwas zu schneiden: von vertrockneten Pflanzenteilen bis zur Ernte von Zucchini und Co. Das Gartenmesser ist praktisch für die Ernte von Kräutern und Gemüse.
Säge / Astschneider	Eine Säge ist für den Rückschnitt von mehrjährigen Pflanzen im Obst- und Kräutergarten im Frühjahr und Herbst sehr nützlich.
Pflanzkelle	Die Pflanzkelle braucht man vor allem für die Pflanzung von kleineren Pflanzen.
Unkrautstecher	Mit dem Unkrautstecher werden Beikräuter mitsamt der Wurzel aus dem Boden geholt.
Gießkanne / Gartenschlauch	Gießutensilien sind unerlässlich für die Bewässerung der Beete und Pflanzen.
Bindematerial, wie Bast, Draht oder Schnüre und Rankstäbe	Damit alle Pflanzen den richtigen Halt haben, werden Bindematerial sowie Rankstäbe benötigt.
Erntekorb	Wenn es um die Ernte geht, ist ein Körbchen oder eine Schüssel sehr praktisch, um alles einzusammeln.

BALKON-TIPP

Für das Gärtnern auf dem Balkon brauchst du natürlich nicht so viele Geräte wie im Garten. Vor allem sind dafür handliche Geräte mit kurzen Griffen von Vorteil, die sich auch leicht verstauen lassen.

CHECKLISTE FÜR DAS GANZE JAHR

Hier siehst du auf einen Blick, welche Aufgaben in welchem Monat anfallen.

WINTER

Dezember	→ Gartengeräte säubern und sortieren. → Rankstäbe und -gerüste sowie andere Utensilien aus den Beeten entfernen, säubern und über den Winter einlagern. → Bestandsaufnahme: Was muss repariert werden? Welche Beete haben gut funktioniert? Müssen Obst- und Beerensträucher ersetzt werden?
Januar	→ Es wird geplant! Was willst du wo anbauen? Muss eine Fruchtfolge eingehalten werden? Wo soll welches Beet hin? Eine Skizze kann sehr hilfreich sein. → Falls du selber Pflanzen ziehen willst, kannst du jetzt schauen, ob du noch genügend Saatgut hast. → An frostfreien Tagen Kübelpflanzen und noch bepflanzte Hochbeete gießen. → Winterschutz überprüfen und Pflanzen, Dächer etc. von zu großen Schneelasten befreien.
Februar	→ Unter dem Frühbeet oder im Gewächshaus können schon erste frühe Sorten, wie Dicke Bohnen, Radieschen und Salate, gesät werden. → Beete kann man jetzt vorbereiten, indem Pflanzenreste und erste Unkräuter entfernt werden und die oberste Erdschicht gelockert wird. → Rankgerüste und Spaliere von Obststräuchern und -bäumen überprüfen und ggf. reparieren. → Pfirsichbäume gegen Kräuselkrankheit behandeln. → Erfrorene und vertrocknete Kräuter aus den Beeten entfernen. → An frostfreien Tagen Bäume und Sträucher schneiden.

FRÜHLING

März	→ Hochbeete mit frischer Erde auffüllen, sofern das Substrat abgesackt ist. → Beete mit reifem Kompost und einem Langzeitdünger wie Hornspänen düngen. → Steckzwiebeln und Knoblauch pflanzen. → Saatkartoffeln besorgen und zum Vorkeimen kühl und trocken auslegen. → Weitere Direktsaaten, wie frühe Möhren, Lauchzwiebeln und Spinat, sind jetzt möglich. → Wenn du selber Gemüse vorziehen möchtest, startest du mit der Anzucht im Haus ab März mit vielen Arten, wie Aubergine, Blumenkohl oder Tomaten.
April	→ Der April dreht sich vor allem um das Vorziehen von Gemüsepflanzen. → Ab Ende des Monats werden die ersten Jungpflanzen nach draußen gestellt zum Abhärten, um sie an das Freilandklima zu gewöhnen. → Kohlpflanzen ins Beet setzen. → Unkraut jäten und Beete mit Mulch abdecken. → Boden lockern, um Schneckeneier aufzuspüren. → Vorgekeimte Saatkartoffeln pflanzen. → Jungpflanzen im Gartencenter besorgen. → Kräuter zurückschneiden, wenn kein Frost mehr droht.
Mai	→ Abgehärtete Jungpflanzen können ab Mitte Mai ins Freiland, sofern das Wetter es zulässt. → Hacken und Mulchen der Beete. → Rhabarber, Spargel und vielleicht die ersten Erdbeeren ernten. → Frühgemüse ernten und nachsäen. → Gegen Kohlfliege und andere Schadinsekten Gemüsenetze über die Beete spannen. → Rankgerüste für Gurken und andere Kletterkünstler aufstellen. → Kartoffeln anhäufeln oder Pflanzen mit Erde bedecken beim Anbau im Kübel. → Pflanzen nach Schädlingen absuchen und ggf. eingreifen. → Stroh als Mulchschicht rund um Erdbeerpflanzen ausbringen.

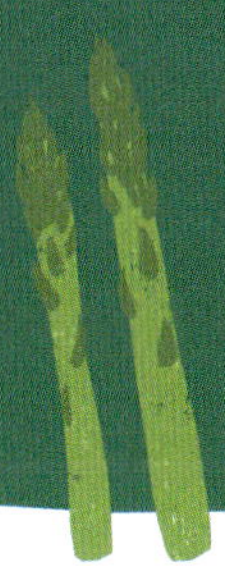

SOMMER

Juni

- → Pflanzen immer wieder auf Schädlinge und Krankheiten kontrollieren.
- → Pflanzstäbe zur Halterung von hochwachsenden Sorten installieren.
- → Tomaten ausgeizen und an Tomatenstäben befestigen.
- → Der Langzeitdünger vom März verliert langsam seine Wirkung. Daher wird jetzt nochmal nachgedüngt und die Pflanzen werden mit Jauchen gestärkt.
- → Beeren pflücken.
- → Rhabarber und Spargel nur bis zum Johannistag (24. Juni) ernten.
- → Pflanzen regelmäßig wässern und ggf. eine Bewässerung installieren.
- → Wintergemüse vorziehen.

Juli

- → Bei Trockenheit regelmäßig gießen – lieber seltener, dafür durchdringend. Das gilt vor allem für gut eingewachsene Pflanzen wie Obstbäume und Beerensträucher.
- → Boden rund um die Pflanzen lockern.
- → Beeren, Kräuter und Gemüse ernten und verarbeiten.
- → In frei gewordene Beete Gemüse nachsäen.
- → Gemüsepflanzen auf Pilzerkrankungen absuchen. Befallene Blätter gleich entfernen und über den Hausmüll entsorgen.

August

- → Beete bewässern, Erde lockern und mulchen.
- → Wintergemüse pflanzen oder Gründüngung säen.
- → Kartoffeln und Zwiebeln ernten und einlagern.
- → Kräuter ernten und trocknen.
- → Obst ernten und Fallobst einsammeln.
- → Abgeerntete Ruten von Sommerhimbeeren auf Bodenhöhe abschneiden.

HERBST

September

- → Gemüse ernten und einlagern oder haltbar machen.
- → Knoblauch stecken.
- → Erdbeeren vermehren oder Kindel entfernen. Außerdem die Pflanzen jetzt düngen.
- → Leimringe gegen Frostspannerraupen an Obstbäumen anbringen.

Oktober

- → Wurzelgemüse an trockenen Tagen ernten und einlagern oder haltbar machen.
- → Letztes Fruchtgemüse (Tomaten, Paprika, Auberginen) ernten und die Pflanzen aus den Beeten entfernen.
- → Beete nach der letzten Ernte mit Laub abdecken.
- → Bäume und Sträucher pflanzen und gut angießen.
- → Frostempfindliche Pflanzen, vor allem im Kübel, rechtzeitig vor den ersten Nachtfrösten schützen.
- → Nicht winterharte Kräuter in Töpfe umpflanzen und im Haus überwintern.
- → Herbsthimbeeren nach der Ernte komplett bodentief abschneiden.

November

- → Wintergemüse ernten und Beete mulchen.
- → Bewässerung abstellen und die Wasserleitung entleeren und abdrehen.
- → Abgestorbene und kranke Pflanzenteile von Sträuchern und Bäumen entfernen und über die Mülltonne entsorgen.

TIPP

Im Herbst ist die beste Zeit, um neue Hochbeete anzulegen. Jetzt fällt viel Schnittmaterial für die Befüllung an und bis zum Saisonstart können sich die ersten Schichten schon etwas setzen. Im Frühjahr füllst du dann noch eine frische Schicht Erde auf und kannst direkt mit dem Bepflanzen loslegen.

ERDUNG IM GARTEN

Wenn du an deinen Garten denkst und all das, was zu tun ist – löst das in dir Stress aus, oder freust du dich darauf, mit den Händen in der Erde zu buddeln? Gartenarbeit kann so viel mehr sein als „Arbeit", und die Ausbeute – also die Früchte, die geerntet werden – sind eine Bereicherung des alltäglichen Lebens.

ALLES KANN, NICHTS MUSS

Ich persönlich finde es immer schade, wenn ein Garten nur als lästiger Arbeitsort betrachtet wird. Man MUSS Rasen mähen. Man MUSS Pflanzen gießen. Man MUSS dies und das tun. Empfindest du auch dieses MUSS?

Wenn das bei dir der Fall ist, möchte ich dir folgende Tipps an die Hand geben:

→ Setz dich nicht mit einer langen Garten-To-do-Liste unter Druck.

→ Lass einfach mal „fünfe gerade sein". Will heißen: Es ist überhaupt nicht schlimm, wenn der Rasen mal 3 cm länger ist oder zwischen den Obststräuchern ein Löwenzahn hervorblitzt.

→ Warte nicht auf schönstes Sonnenwetter, denn da möchtest du doch lieber mit deiner Familie ins Freibad oder mit Freunden in den Biergarten gehen. Garteln kann man auch bei durchwachsenem Wetter, wenn der Himmel wolkenverhangen ist. Nur bei strömendem Regen solltest du vielleicht die Gartenhandschuhe liegen lassen.

→ Leg oder setz dich doch einfach mal mitten zwischen die Beete oder auf die Wiese und genieße all das Grün um dich herum. Atme tief durch und erlebe deinen Garten aus einer ganz anderen Perspektive.

→ Schlendere mit einer Tasse Kaffee (oder Tee oder einem Glas Limo) durch den Garten und lasse alles auf dich wirken. Mit der Zeit wirst du sehen, was zu tun ist, wo gebuddelt, gezupft oder gegossen werden muss.

→ Belohne dich nach getaner Gartenarbeit mit leckeren Naschfrüchten oder einem vollen Erntekorb.

BALKON-TIPP

Auf kleinem Raum geht die Gartenarbeit ohnehin schneller. Stell dir einen schönen Stuhl auf den Balkon und setz dich mitten in dein grünes Paradies. Die Farben der Blätter, das Summen von Insekten und der Blick in den Himmel werden dich schnell erden. Tief durchatmen und einfach genießen stehen ganz oben auf dem Gartenprogramm.

GARTENARBEIT UND ZEIT

„Ich wünsche mir einen pflegeleichten Garten." Diesen Satz höre ich oft, und es gibt so viele Menschen, die davon ausgehen, dass viele Pflanzen viel Arbeit machen – und damit auch viel Zeit kosten. Das ist aber nicht unbedingt der Fall.

VORTEILE EINER DICHTEN BEPFLANZUNG

→ Es kann weniger Unkraut wachsen.

→ Je weniger freier Boden zu sehen ist, desto geringer ist die Verdunstung, und desto seltener muss gegossen werden.

→ Mischkultur fördert gegenseitiges Pflanzenwachstum und verringert die Gefahr von Schädlingen.

ZEITFRESSENDE GARTENTÄTIGKEITEN

→ Rasen mähen – im Sommer ein- bis zweimal pro Woche

→ Unkraut jäten – von Frühjahr bis Herbst regelmäßig

→ gießen – besonders im Sommer mehrmals pro Woche und in Kübeln und Töpfen teilweise täglich

DIESE GARTENARBEITEN FALLEN NUR WENIGE MALE IM JAHR AN

→ Rückschnitt von Obstgehölzen und Kräutern

→ säen und pflanzen

→ Beete vorbereiten, auffüllen, düngen

→ Gartengeräte warten

MEINE LIEBSTEN GARTENARBEITEN, BEI DENEN ZEIT KEINE ROLLE SPIELT

→ Beetplanung und Pflanzenkauf

→ durch den Garten schlendern und genießen

→ ernten und naschen

Tipp: Mach dir To-do-Listen, damit du den Überblick behältst und dich nicht verzettelst.

GÄRTNERN IM HOCHBEET

Es sieht gut aus, es ist praktisch, und es bietet dir einige Vorteile: das Gärtnern im Hochbeet. Deine Pflanzen haben beste Bodenbedingungen für ein gesundes und schnelles Wachstum.

HOCHBEET-FAKTEN

- → Hochbeete sind gute Gestaltungselemente.
- → Sie bestehen zumeist aus Holz, Metall oder Stein.
- → Pflanzen wurzeln tief, haben viel Platz und bekommen genügend Luft, um ein dichtes Geflecht zu bilden.
- → Gartenabfälle und Kompost dienen als Füllmaterial in den unteren Schichten.
- → Das Substrat erwärmt sich schneller als im Gartenboden, wodurch Pflanzen schneller wachsen.
- → Du hast weniger Probleme mit Unkraut und Schnecken.
- → Es besteht kaum Gefahr von Staunässe, da das Wasser gut nach unten abfließen kann.
- → Aktives Bodenleben im Innern ermöglicht organische Zersetzungsprozesse, durch die Nährstoffe freigesetzt werden.

DAS SPART ZEIT!

Hochbeete gibt es als fertige Baukastensysteme zu kaufen. Sie sind schnell aufgebaut und befüllt, und du kannst direkt loslegen.

VON GÜNSTIG BIS LANGLEBIG

Hochbeete gibt es in ganz unterschiedlichen Ausführungen. Die günstigsten Modelle bestehen aus einfachen Holzbrettern. Man kann sich aber auch sein ganz individuelles Hochbeet aus hochwertigem Cortenstahl in gewünschter Größe anfertigen lassen.

Die optimale Hochbeethöhe liegt bei **rund 60–80 cm,** denn dies ermöglicht ein bequemes Gärtnern in aufrechter Position. Das ist rücken- und knieschonend, und du benötigst fast ausschließlich leichte und kompakte Handgeräte.

VOR- & NACHTEILE DER MATERIALIEN

	Vorteile	Nachteile
Holz	→ natürliches Material → günstige Modelle vorwiegend aus Nadelholz → individuell gestaltbar in Größe, Form und Holzart → relativ einfacher Aufbau	→ durch Verrottung nur begrenzte Haltbarkeit → zusätzliche Arbeit und Kosten durch Anbringung von Schutzfolie im Innern des Hochbeetes → Die Nutzungsdauer kann durch eine jährliche Lasierung verlängert werden.
Metall	→ sehr langlebig und witterungsbeständig → kaum Pflegeaufwand → modernes und schickes Gestaltungsobjekt	→ Metall erwärmt sich in der Sonne sehr stark. → teuer in der Anschaffung, vor allem bei individueller Maßanfertigung
Stein	→ natürliche Optik → sehr langlebig und witterungsbeständig → individuell gestaltbar bezüglich Material, Größe und Form	→ Aufbau zeitaufwendig und teilweise nur mit großen Maschinen machbar aufgrund des Materialgewichts → je nach Material sehr kostspielig → bei größeren Modellen Fundament notwendig

DIE FÜLLUNG MACHT'S

Ein Hochbeet wird in Schichten befüllt. Merke dir ganz einfach: Von unten nach oben wird die Füllung immer feiner. Unten verwendest du grobe Materialien (Äste, Strauchschnitt, Laub), nach oben hin wird das Substrat feiner (reifer Kompost, Gartenerde, Pflanzenerde).

DAS SPART ZEIT!

Im Baumarkt oder Gartencenter gibt es spezielle Substrate für Hochbeete, die aufgeteilt sind in Holzhäcksel (unten), Komposterde (mittig) und Pflanzenerde (oben) – drei Schichten, mit denen das Hochbeet schnell befüllt ist.

01 Pflanzenerde

02 Gartenerde

03 Laub, zerkleinerte Pflanzenreste und grober Kompost

04 Rasenschnitt oder Stroh

05 Grobschnitt

MENGENRECHNER FÜR DIE FÜLLUNG

Substratmenge in Liter =
Höhe x Länge x Tiefe (in cm) / 1.000

GÄRTNERN IM HOCHBEET AUF DEM BALKON

Für den Balkon gibt es spezielle Hochbeete, die nach unten hin geschlossen sind. So kann sich das Substrat nicht auf dem Balkonboden verteilen. Es gibt ganz verschiedene Modelle aus Holz, Metall oder Kunststoff. Je größer das Hochbeet, desto schwerer ist es. Daher solltest du unbedingt die Statik des Balkons berücksichtigen.

Die meisten Systeme haben ein integriertes Bewässerungssystem oder zumindest eine Funktion, damit überschüssiges Wasser ablaufen kann. Denn in einem nach unten geschlossenen Beet besteht die Gefahr von Staunässe. Die wenigsten Pflanzen mögen nasse Wurzeln.

TIPP

Bevor du gießt, grab die Erde etwas auf und prüfe, ob sie in den tieferen Schichten noch feucht genug ist.

GUTE PFLANZKOMBINATIONEN

Auf dem Balkon hast du in der Regel weniger Platz zur Verfügung. Ein Hochbeet sollte daher optimal bepflanzt sein, damit du möglichst wenig Zeitaufwand damit hast und gleichzeitig viel ernten kannst. Gute Pflanzkombinationen sind:

→ Erdbeeren, Knoblauch und Erbsen

→ Stangenbohnen und Zucchini

→ Physalis, Pflücksalat und Knoblauch

→ Gurken, Petersilie und Dill

→ Tomaten und Basilikum

MEHRJÄHRIGE BEPFLANZUNGEN

Wenn du nicht ständig neu pflanzen willst, empfehle ich dir, dein Balkonhochbeet mit mehrjährigen Pflanzen zu nutzen. Du kannst es beispielsweise mit einer duftenden und leckeren Mischung aus Beeren und Kräutern bepflanzen. Diese mehrjährigen Bepflanzungen haben sich bewährt:

→ Erdbeeren, Schnittlauch und Borretsch

→ Himbeeren und Rosmarin

→ Brombeeren und Thymian

→ Küchenlorbeer, Lavendel und Estragon

SCHNELL GEBAUT: HOLZKISTE ALS PFLANZ

Eine Kiste aus altem Holz ist s
kleine Naschkiste hübsch bepflar
lichst stabil sein, da sie, mit Erde

01

02

03

04

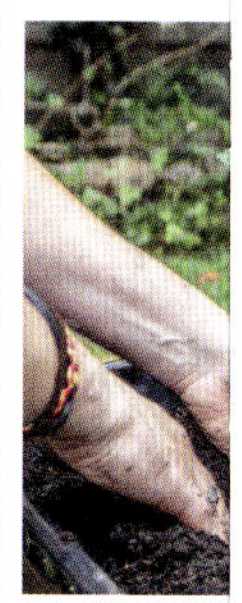

So geht's

01 Zuerst alte Holzbretter zurechtsägen: Wir haben 13 Bretter à 85 x 7 x 1 cm (für zwei lange Seiten und den Boden) sowie 10 Bretter à 40 x 7 x 1 cm (für zwei kurze Seiten und als Auflagefläche für den Boden) verwendet.

02 In jede der vier Ecken kommt ein kurzer Pfosten (ca. 28 cm hoch), um daran die Seiten- und Bodenbretter mit Holzleim zu kleben und anschließend festzuschrauben.

03 Die Kiste von innen m
folie auskleiden und f
guten Wasserablauf z
Boden einige Löcher

04 Befüllt wird die Kiste r
aus 2–3 cm Kieselstei
Pflanzerde bis wenige
des Randes. Und scho
bepflanzt werden!

GÄRTNERN IN TOPF & KÜBEL

Neben Hochbeeten macht es auch Spaß, in großen und kleinen Kübeln, in Pflanzkästen und Blumenampeln, in vertikalen Topfsystemen und anderen Gefäßen zu gärtnern.

Besonders mehrjährige Pflanzen, wie Kräuter, kleinere Obstbäume und -sträucher, fühlen sich in entsprechend großen Gefäßen wohl. Im Winter können Kübel und andere Gefäße leicht an geschützte Stellen gebracht werden. Das macht besonders bei nicht winterharten Kräutern oder Obstgehölzen Sinn.

VOR- UND NACHTEILE VON KÜBELPFLANZUNGEN

VORTEILE

→ wenig Unkraut

→ Kübel ermöglichen eine gute Übersicht über die verschiedenen Pflanzungen.

→ Die Erde wärmt sich schnell auf.

→ sehr flexibel, kann einfach umgestellt werden

→ Solitärpflanzen können sich ganz nach ihren eigenen Bedingungen entwickeln.

NACHTEILE

→ regelmäßiges Gießen nötig

→ wenig Bodenleben, daher mehrfach düngen notwendig

→ im Winter anfällig für Frost

→ bedingt geeignet für Wurzelgemüse

→ kaum Möglichkeit von Mischkultur

DIY

UPCYCLING-GEFÄẞE

Hast du noch alte Behältnisse oder nicht mehr verwendbare Töpfe und Eimer zu Hause? Dann sche ihnen doch einfach eine neue Verwendung in deinem Garten und mach aus alten Dingen etwas Ne

Wenn es um Pflanzgefäße geht, kann man auch mal kreativ sein und verschiedene ausrangierte Teile ganz einfach umfunktionieren. Das können sein:

- → Holzkisten
- → Waschbecken
- → Stiefel
- → Koffer
- → Holzfässer
- → Blecheimer
- → Kannen und Töpfe

GUT ZU WISSE

Pflanzgefäße können **Materialien** bestehen Glas, Holz und viele a dass sie mindestens ei haben, damit es nicht z meisten Materialien ka einige Löcher bohren. tiefen Gefäßen ist zude Kieselsteinen oder Tor Pflanztöpfen ratsam, d nicht verstopft.

Ein altes Waschbecken als Erdbeer-beet

Gefäße aus Holz, Ko Löchern verkleides folie oder Noppenfo schnell verrottet streichen oder mit

DIY

SALATBAR IM TOPFGARTEN

Schnell, pflegeleicht und platzsparend – so einfach pflanzt du dir eine eigene Salatbar in Töpfen. Gut geeignet sind Pflücksalate und Blattgemüse, wie Spinat oder Mangold.

Das benötigst du

- → Töpfe oder Gefäße (mit Ablaufloch im Boden) in verschiedenen Größen
- → Pflanzerde
- → Saatgut
- → Gießkanne

Los geht's!

01 Die Aussaat erfolgt von März bis September. Töpfe mit Erde befüllen, zum oberen Rand 2–3 cm Platz lassen.

02 Saatgut locker auf der Erdoberfläche verteilen. Bei größeren Pflanzen die Saatkörner mit etwa 5–10 cm Abstand verteilen.

03 Pflücksalate sind Lichtkeimer, die Samen werden nicht mit Erde bedeckt. Blattgemüse mit 2–3 mm Erde bedecken.

04 Vorsichtig angießen.

05 Erde gleichmäßig feucht halten.

ERNTE

Geerntet wird je nach Sorte bereits drei bis vier Wochen nach der Aussaat. Zupfe einzelne Blätter ab und lass das Herz der Pflanze stehen, dann wächst diese immer weiter nach, und du kannst über mehrere Wochen laufend ernten. Noch ein kleiner Tipp: Wenn du die Töpfe im Abstand von wenigen Tagen bepflanzt, werden nicht alle Salate zeitgleich erntereif. Auch so kannst du die Erntezeit verlängern und immer die Sorte nachsäen, die bereits abgeerntet ist.

EMPFEHLUNGEN

- → Rucola
- → Asia-Salate, wie **'Mizuna', 'Red Giant', 'Green in Snow'**
- → Kresse
- → Feldsalat
- → Spinat
- → Pflücksalate, wie **'Red Salad Bowl', 'Lollo Rosso', 'Frisée'**

TIPP

Hast du schon mal den Begriff Baby Leaf gehört? Das sind unterschiedliche Salat- und Blattgemüsesorten, von denen die noch sehr jungen, zarten Blätter geerntet werden. Auch Rote Bete und Mangold können wie Salat als Baby Leaf genutzt werden, wenn die Sorten dicht gesät werden. Dann erntest du die jungen Blätter und wartest nicht, bis sich Knollen oder dicke Stiele bilden.

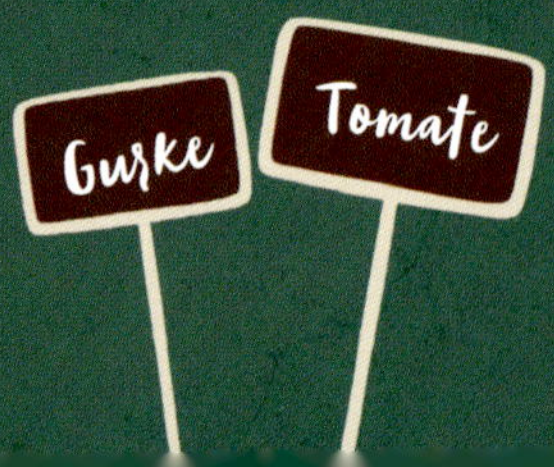
Gurke
Tomate

KAPITEL 2

Keine ZEIT zu PLANEN

Einen Garten zu planen braucht Zeit. Damit du dir davon eine ganze Menge sparen kannst, stelle ich dir in diesem Kapitel einige Pflanzen für deinen Nutzgarten vor, die sich mit relativ wenig Aufwand und gutem Ertrag anbauen lassen. Außerdem habe ich zehn Beetpläne mit Schritt-für-Schritt-Anleitungen und Sortenempfehlungen für dich – ganz einfach und schnell zum Nachgärtnern.

DEN ÜBERBLICK BEHALTEN

Planung klingt immer aufwendig und theoretisch. Aber sie dient vor allem dazu, den Überblick nicht zu verlieren. Ich verrate dir kleine Tricks, wie du ganz einfach planst, ohne großen Aufwand. Alles was du brauchst, sind Notizbuch und Stift.

GARTENNOTIZBUCH

„Wer schreibt, der bleibt!“, sagte mein Vater schon, als ich noch ein Kind war. Ehrlich gesagt habe ich diesen Spruch gehasst. Aber zugegebenermaßen stimmt er doch sehr oft. Selbst für deinen Naschgarten kannst du das übernehmen. Denn du willst ja nicht nur jetzt gärtnern, sondern auch nächstes und übernächstes Jahr, und im Jahr danach und so weiter. Wenn es dann um Fruchtfolge und Mischkultur geht, um Vorkultur und Beetnachbarn, verliert man doch mal schnell den Überblick.

DAS SPART ZEIT!

Fertige eine ganz einfache Skizze deines Gartens an und nummeriere die Beete. Nicht abgegrenzte Gartenbeete können in Abschnitte aufgeteilt werden. So kannst du deine geplanten und gewünschten Pflanzen einfach den Nummern zuordnen.

DAS GEHÖRT INS GARTENNOTIZBUCH

- → Pflanzen- und Sortennamen
- → Saat- oder Pflanzzeitpunkt
- → Erntezeit und optional Erntemenge
- → Schädlinge und Krankheiten
- → persönliche Bewertung
- → Foto der Pflanze oder Ernte

ALLER ANFANG IST SCHWER

Der Start ins Gartenjahr ist für mich immer total aufregend. Es kribbelt in den Fingern, bis draußen endlich losgelegt werden kann. Aber wie fängt man denn am besten an?

MITGEDACHT UND GUT GEPLANT!

→ Verschaffe dir einen Überblick über Bestandspflanzen und plane dann deine Beete dazu.

→ Orientiere dich bei der Planung an der Ausrichtung des Gartens: Wo scheint wann die Sonne? Wo sind schattige Ecken?

→ Welche Gartenbereiche willst du anlegen (Sitzflächen, Wege, Kinderecke, Grillplatz, Kräuterspirale, Gemüsegarten, Obstbäume ...)?

→ Welche Pflanzen willst du unbedingt haben, und was passt zu diesen als Ergänzung gut dazu?

PFLANZZEIT

Nach all der Planung soll es im Garten endlich grün und bunt werden. Leg los mit der Pflanzung, aber warte, bis der Boden frostfrei ist – das ist besser für dich und deine Pflanzen. Beerensträucher, Obstbäume und viele Kräuter kannst du im Frühjahr pflanzen. Wärmeliebende Gemüsepflanzen setzt du erst nach den Eisheiligen Mitte Mai raus. Orientiere dich ein bisschen am Gartenkalender (S. 12) und den Pflanzenporträts (S. 30).

PFLANZEN LEICHT GEMACHT!

→ Pflanze zur optimalen Jahreszeit.

→ Grabe ein Loch, das mindestens doppelt so groß ist wie der Wurzelballen.

→ Gieße vor der Pflanzung einige Liter Wasser in das Loch, damit sich die Erde ringsum vollsaugen kann.

→ Gib Langzeitdünger ins Pflanzloch und vermische diesen mit etwas Erde.

→ Wässere den Wurzelballen in einem Eimer so lange, bis keine Luftblasen mehr aufsteigen.

→ Setze die Pflanze ins Pflanzloch und fülle mit nährstoffreicher Erde auf.

→ Gut angießen und in den nächsten Wochen regelmäßig und reichlich gießen, damit die Pflanzen gut wurzeln können.

→ Gehölze und veredelte Pflanzen nicht tiefer setzen, als sie im Topf waren.

BALKON-TIPP

Kübelpflanzen kannst du rund ums Jahr pflanzen und immer genau dann, wenn du gerade Zeit dafür hast – außer natürlich, wenn die Erde gefroren ist. Im Winter solltest du Kübel mit Jute oder Karton umwickeln, damit der Wurzelballen vor Frost geschützt ist.

PFLANZENAUSWAHL

Es gibt so viele verschiedene Gemüse- und Kräuterarten, da fällt die Qual der Wahl wirklich schwer. Ich möchte dir auf den folgenden Seiten meine Lieblinge präsentieren – von schnell und pflegeleicht über mehrjährig bis hin zu dem leckersten Naschobst.

LEGENDE

- Direktsaat
- Voranzucht
- Keimdauer und Keimtemperatur
- Pflanzung
- Abstände
- Ernte

SCHNELLES & PFLEGELEICHTES GEMÜSE

ASIA-SALAT

Man nennt ihn auch Senfkohl, denn die Blätter enthalten Senföle, die für teils pikante Schärfe sorgen. Asia-Salate sind sehr kältetolerant und eignen sich daher hervorragend für den Anbau im späten Herbst und im milden Winter.

Direktsaat: März bis Oktober im Freiland, September bis Februar im geschützten Anbau

Keimdauer und Keimtemperatur: 3–5 Tage bei 5–20 °C

Abstände: bei Direktsaat locker in der Reihe, Reihenabstand 15–25 cm

Ernte: Geerntet wird, wie beim Pflück- und Schnittsalat, etwa 2–3 Wochen nach der Aussaat. Junge Blätter ab etwa 5–10 cm Länge pflücken und das Herz der Pflanzen stehen lassen für eine längere Erntezeit.

BUSCHBOHNEN

Buschbohnen bringen trotz ihrer relativ geringen Größe eine ordentliche Erntemenge hervor. Besonders dann, wenn du regelmäßig erntest. Die Pflanzen bilden laufend neue Blüten, an denen die Hülsen wachsen. Manche Sorten sollten mit Stäben gestützt werden, und es empfiehlt sich, die Erde am Haupttrieb anzuhäufeln, damit die Pflanzen mehr Halt haben.

- Mai bis Juli im Freiland
- April bis Juni
- 8–12 Tage bei 8–25 °C
- Pflanzabstand 8–10 cm, Reihenabstand 30–40 cm
- Regelmäßig ernten, wenn sich die Kerne in den Hülsen leicht abzeichnen.

ERBSEN

Erbse ist nicht gleich Erbse, denn die verschiedenen Arten und Sorten wachsen ganz unterschiedlich. Für Naschgartenneulinge sind Sorten gut geeignet, die nicht zu hoch wachsen, wie die Sorte 'Ambrosia'. Erbsen sind besonders beliebt bei Kindern, da sie süßlich schmecken und frisch direkt vom Strauch verzehrt werden dürfen. Im Gegensatz zu Bohnen, die roh giftig sind!

- **Schal- und Zuckererbsen:** ab März
  Markerbsen: ab April, jeweils im Freiland
- 5–10 Tage bei 12–16 °C
- Pflanzabstand 3–5 cm, Reihenabstand 30–40 cm
- **Schalerbsen:** Das sind Sorten, bei denen die Erbsenkörner getrocknet werden. Erntereif, wenn die Hülsen eingetrocknet sind
  Markerbsen: Zum Frischverzehr (nicht zum Trocknen geeignet) ernten, wenn die Erbsen in der Hülse ihre volle Größe erreicht haben
  Zuckererbsen: Werden mitsamt Hülse vernascht. Ernten, solange die Erbsen sich darin nur leicht abzeichnen.

GURKEN

Ein Naschgarten ohne Snackgurken? Das geht doch gar nicht! Zugegeben, Gurken sind kleine Diven, und es ist nicht schlimm, wenn dir der Anbau nicht auf Anhieb gelingt. Merke dir am besten folgende Ratschläge: Gurken mögen es nicht kalt, sie brauchen viel Wasser, am liebsten sonnengewärmtes Regenwasser. Außerdem solltest du die ersten zwei bis drei Fruchtansätze ausbrechen. Das beschert dir eine größere Ernte. Gurken bilden lange Ranken, hilf ihnen also durch ein Rankgerüst dabei zu klettern. Wenn du regelmäßig erntest, bilden sich zahlreiche neue Gürkchen.

- Mitte Mai bis Juni im Freiland
- April bis Mai
- 10–12 Tage bei 10–25 °C
- Pflanzabstand 50 cm, Reihenabstand 50–100 cm
- Die Größe der Früchte ist abhängig von der Sorte. Bei **Salatgurken** erntet man in der Regel, wenn die Schale glatt wird und nicht mehr stachelt.

KNOBLAUCH

Knoblauch gehört in jeden Naschgarten, da er nicht nur die leckeren duftenden Knollen bildet. In Mischkultur mit Erdbeeren, Himbeeren, Gurken oder Möhren hilft er darüber hinaus, Blattläuse fernzuhalten. Er ist ähnlich pflegeleicht wie Zwiebeln und kann in kleinere Lücken überall dazwischengepflanzt werden.

- Knoblauchzehen stecken von September bis Oktober oder im Frühjahr von März bis April im Freiland
- Pflanzabstand 10–15 cm und 4–5 cm tief
- Geerntet wird im Herbst gesetzter Knoblauch ab Juni, Frühjahrsknoblauch etwas später. Das Laub sollte bereits verwelken und abtrocknen, dann ist die Knolle erntereif. Übrigens werden die Knollen von im Herbst gestecktem Knoblauch größer.

KOHLRABI

Kohlrabi ist ein typisches Frühjahrsgemüse, das im Hobbygarten sehr beliebt ist. Die dicken Knollen gibt es in weiß-grüner und lila Färbung. Also auch optisch bietet das eher traditionelle Gemüse etwas. Der Anbau ist leicht, Kohlrabi sollte nur gleichmäßig gewässert werden, damit er nicht platzt oder holzig wird. Übrigens ist Kohlrabi auch für den Herbstanbau sehr gut geeignet.

- Februar bis Juli für die Freilandpflanzung, Dezember bis Januar und Juli bis August für die Pflanzung im geschützten Anbau
- 5–8 Tage bei 12–22 °C
- 25–30 cm
- Bis die Knollen erntereif sind, dauert es ab der Aussaat etwa 10–16 Wochen. Ernte Kohlrabi nicht zu spät, da ältere Exemplare zum Verholzen neigen. Je nach Sorte wird die Knolle bei etwa Faustgröße geerntet, wenn das Laub noch frisch und grün ist. Ausnahme ist die Sorte 'Superschmelz', die bis zu 8 kg schwere Knollen hervorbringt, die selbst dann noch nicht holzig sind.

KRESSE

Schneller geht's kaum im Gemüsegarten, denn Gartenkresse keimt innerhalb von zwei bis drei Tagen und kann nach einer knappen Woche bereits gepflückt werden. Sie ist besonders beliebt bei Kindern, da Kresse sogar auf Küchenpapier keimt und damit im Haus als kleine Kräuterdeko dienen kann. Sie macht sich aber auch in Beeten als Unterpflanzung gut und sorgt nahezu rund ums Jahr für frisches würziges Grün.

- März bis September im Freiland, ganzjährig im geschützten Anbau. Lichtkeimer! Samen daher nicht mit Erde bedecken.
- 2–3 Tage bei 5–25 °C
- breitwürfige Aussaat
- Junge Triebe werden direkt über dem Boden abgeschnitten und frisch genossen.

KÜRBIS

Kürbisse gibt es in den unterschiedlichsten Formen und Größen. Eins haben die Pflanzen aber gemein: Sie nehmen viel Platz ein, da sie lange Ranken bilden. Klassiker sind Hokkaido, Butternut und Halloween-Kürbisse.

- Mitte Mai bis Juni im Freiland
- April bis Mai
- 8–12 Tage bei 10–25 °C
- Pflanzabstand 100–150 cm
- Die Früchte sind erntereif, wenn der Strunk abtrocknet. Sie lassen sich dann bei kühler und trockener Aufbewahrung mehrere Monate lang lagern.

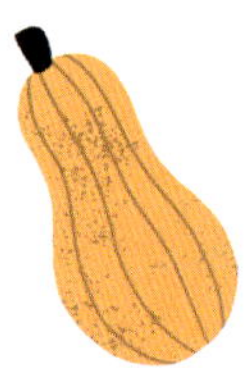

LAUCH

Lauch, oder Porree je nach Sprachgebrauch, hat im Anbau eine Besonderheit: Damit die Schäfte des Zwiebelgemüses lang und hell wachsen, werden die Pflanzen in Dämmen angebaut. So werden die Lauchstangen gebleicht und wachsen optimal bis zur Erntereife. Für das Anhäufeln benötigt man zwar etwas Platz, der Anbau gelingt aber auch bestens im Hochbeet.

- Sommer- und Herbstlauch: April bis Mai, Winterlauch: ab Ende April bis Juni
- ab Februar/März, je nach Sorte
- 10–21 Tage bei 16–20 °C
- Pflanzabstand 10–20 cm, Reihenabstand 25–40 cm
- Geerntet wird, wenn die Lauchstangen lang gewachsen sind und einen Durchmesser von 3–5 cm haben. Am besten erntet man mit einer Grabegabel im unteren Bereich der angehäufelten Dämme.

MANGOLD

Mangold, besonders die bunten Stielsorten, sind eine wahre Zierde im Beet und machen sich gut in Kombination mit Blumen und Stauden. Zudem bringt Mangold eine üppige Ernte aufgrund der großen Blätter.

- April bis August im Freiland
- Februar bis April
- 10–12 Tage bei 6–22 °C
- Pflanzabstand 25–30 cm, Reihenabstand 30–40 cm
- Geerntet wird, wenn die Stiele kräftig sind. Man erntet von außen nach innen und lässt die jungen Blätter in der Mitte stehen, dann kann laufend geerntet werden, bis der Mangold in die Blüte geht.

PFLÜCK- UND SCHNITTSALAT

Salate, die blattweise geerntet und vernascht werden, sind echte Dauerbrenner. Sie wachsen fast ganzjährig und du kannst unter vielen verschiedenen Sorten deine Lieblinge ausprobieren. Sie wachsen in Beetlücken, zwischen Obststräuchern und in Töpfen. Man kennt sie auch als Baby Leaf- oder Wildkräutersalate, je nach Sorte und Mischung.

- März bis September im Freiland. Lichtkeimer! Samen daher nicht mit Erde bedecken.
- Februar bis August für die Freilandpflanzung, Mitte Dezember für die Pflanzung im geschützten Anbau
- 6–10 Tage bei 3–18 °C
- bei Pflanzung ca. 10 cm, bei Direktsaat locker in der Reihe
- Nach 2–3 Wochen werden junge Blätter ab etwa 5–10 cm Länge gepflückt. Das Herz der Pflanzen stehen lassen für eine längere Erntezeit.

RADIESCHEN

Beliebtes Frühjahrsgemüse bei Groß und Klein. Jung geerntete Radieschen sind zarter und weniger scharf als ältere Exemplare. Besonders hübsch im Beet sind bunte Sorten. Sie wachsen schnell und können mit Schale direkt vernascht werden. Durch ihr schnelles Wachstum eignen sie sich gut als Vor- und Zwischenkultur in Gemüsebeeten.

- Februar bis September im Freiland, bei Frost mit Vlies abdecken
- 5–8 Tage bei 3–22 °C
- Pflanzabstand 2–3 cm, Reihenabstand 10 cm
- Knollen ernten, wenn sie schön rund sind bei etwa 2–4 cm Durchmesser.

RETTICH

Rettich ist so etwas wie der große Bruder des Radieschens. Er keimt und wächst ähnlich schnell, braucht aber bis zur Ernte länger als das kleinere Radieschen. Für lange, gerade Wurzeln muss der Boden locker und feinkrümelig sein. Um Steine oder Wurzeln würden die Rettiche herumwachsen und krumme Wurzeln bilden.

- März bis Ende April und Mitte Juli bis August im Freiland
- 8–10 Tage bei 8–25 °C
- Pflanzabstand 8–20 cm (je nach Sorte), Reihenabstand 25 cm
- Wurzeln nach etwa 4–5 Wochen ernten, wenn das Laub und der Wurzeldurchmesser nicht sichtlich weiterwachsen. Die Erde gut lockern und die Rettiche vorsichtig aus der Erde ziehen.

ROTE BETE

Die erdige Knolle ist nicht jedermanns Geschmack, für mich aber unverzichtbar im Gemüsegarten. Besonders die verschiedenen bunten Sorten sehen wirklich toll aus in der Küche. Mit einer relativ kurzen Kulturdauer gehört Rote Bete zu den schnell wachsenden Gemüsearten.

- April bis Juli
- 10–12 Tage bei 8–22 °C
- Pflanzabstand 5–10 cm, Reihenabstand 25–30 cm
- Ähnlich wie bei Radieschen wird die gesamte Knolle mitsamt den Blättern aus der Erde gezogen. Je nach Sorte sind sie erntereif, wenn sie etwa die Größe einer Billardkugel erreicht haben. Bei der Ernte die Blätter auf 8–10 cm kürzen, die Wurzeln nicht abschneiden, sonst „bluten“ die Knollen beim Kochen aus und werden hart.

RUCOLA

Denkst du bei Rucola auch an Pasta und Pizza? Das würzige Blattgemüse ist gerade in der mediterranen Küche beliebt. Wie gut, dass es sich leicht und schnell anbauen lässt. Rucola eignet sich sowohl fürs Kräuterbeet als auch als Zwischenpflanzung in Beetreihen und überall dort, wo Platz ist.

- März bis September im Freiland
- 6–10 Tage bei 3–18 °C
- bei Direktsaat locker in der Reihe, Reihenabstand 25–30 cm
- Geerntet wird, wie bei Pflück- und Schnittsalat, etwa 2–3 Wochen nach der Aussaat. Auch die Blüten vom Rucola schmecken sehr lecker und sehen hübsch aus als essbare Deko.

SPINAT

Bei Spinat scheiden sich die Geschmacksgeister – entweder man mag ihn oder eben nicht. Aber im Gemüsegarten ist er einer der pflegeleichten Gesellen, der sich gut als Vor- oder Nachkultur eignet, da er Beetlücken füllt und relativ schnell wächst. Junge Blätter schmecken toll im Salat oder, etwas später geerntet, als klassisches Blattgemüse aus der Pfanne.

- Frühjahr: März bis April, Sommer: August bis Oktober, jeweils im Freiland
- 10–14 Tage bei 2–20 °C
- locker in der Reihe säen, Reihenabstand 25–30 cm
- Junge Blätter können schon nach 4–5 Wochen geerntet werden, etwas später dann kräftigere Blätter ernten. Das Herz der Pflanzen stehen lassen für weitere Erntewellen.

TOMATEN

Es gibt kaum ein beliebteres Gemüse als die Tomate. Auch wenn der Balkon noch so klein ist, eine Strauchtomate muss sein! Und je größer der Garten, desto mehr Platz bleibt für verschiedene Sorten. Ob man den Anbau von Tomaten nun als einfach oder doch eher kompliziert empfindet, ist Ansichtssache. Sie sind jedenfalls pflegeleichter als ihr Ruf. Sie müssen definitiv weniger gegossen werden, als man denkt. Ausgeizen kann man, muss man aber nicht. Gib deiner Tomatenpflanze einen Stab als Stütze und binde den Haupttrieb fest. Du hast kein Tomatendach? Kein Problem, gib deiner Pflanze ausreichend Platz, damit sie nach Regen schnell abtrocknen kann. Das macht sie weniger anfällig für Krankheiten. Schneide bodennahe Blätter ab und füttere sie zweimal in der Saison mit einem Langzeitdünger. So kannst du dich sicher über viele schmackhafte Tomaten freuen.

- März bis Mai
- 10–15 Tage bei 18–28 °C
- Pflanzabstand 30–50 cm, Reihenabstand 60–70 cm
- Tomaten sind erntereif, wenn sie ihre sortentypische Farbe und Größe erreicht haben, auf Druck leicht nachgeben und sich mitsamt Stielansatz gut abknicken lassen.

ZUCCHINI

Du willst mit nur einer Pflanze eine wirklich große Ernte einfahren? Dann kommst du an Zucchini nicht vorbei. Sie nimmt zwar viel Platz im Beet ein, eine Pflanze kann aber bis zu 20 Früchte in einer Saison tragen. Nicht umsonst spricht man im Sommer von der sogenannten Zucchini-Schwemme.

- Mitte Mai bis Juni im Freiland
- Mitte April bis Mai
- 8–12 Tage bei 10–25 °C
- Pflanzabstand 50–100 cm
- Früchte möglichst klein bei ca. 15–20 cm Länge ernten, dann bilden sich laufend neue Fruchtansätze. Sorten mit runden Früchten ernten bei Tennisballgröße.

ZWIEBELN

Bei Zwiebeln würde ich dir empfehlen, Steckzwiebeln zu setzen. Steckzwiebeln werden so tief in die Erde gesetzt, dass die Spitze noch aus dem Boden herausschaut. Wintersteckzwiebeln werden im Herbst gesetzt, überwintern im Beet und reifen dann im Folgejahr heran für eine frühe Ernte. Man kann Zwiebeln auch aus Samen ziehen, das dauert aber etwas länger. Ansonsten sind Zwiebeln absolut pflegeleicht. Du musst nur in Dürreperioden gießen und dich sonst nicht weiter um das Gemüse kümmern.

- März im Freiland
- 15–20 Tage bei 3–25 °C
- Steckzwiebeln von März bis April, Wintersteckzwiebeln von August bis September
- Pflanzabstand 8–10 cm, Reihenabstand 25 cm
- **Steckzwiebeln** erntet man von Juli bis September, **Wintersteckzwiebeln** bereits ab Juni. Geerntet wird, sobald das Laub abknickt und beginnt zu verwelken. Dann die Zwiebeln komplett mit Laub aus der Erde ziehen und an der Sonne 1–2 Tage lang trocknen lassen.

MEHRJÄHRIGES NASCH-GEMÜSE

ARTISCHOCKEN

Bei Artischocken weiß ich nie genau, ob ich sie wegen ihrer wunderschönen Blüte oder wegen des feinen Geschmacks anbaue. Sie sind ein wahrer Blickfang und, wenn sie im Winter gut vor Frost geschützt werden, mehrjährig. Will man sie in der Küche verarbeiten, werden die Köpfe vor der Blüte geerntet. Artischocken wachsen gerne im Staudenbeet und freuen sich über gelegentliche Düngergaben. Sie sind übrigens sehr beliebt bei Blattläusen. Danach solltest du also Ausschau halten und die kleinen Plagegeister schnell verscheuchen (S. 122).

- Februar bis Mai
- 15–20 Tage bei 20–25 °C
- Mitte Mai bis Juni
- 80 cm
- Geschlossene Blütenköpfe zum Verzehr im ersten Jahr im September, danach ab Juni bis Juli ernten.

BÄRLAUCH

Bärlauch gehört für mich zum Frühjahr dazu. Wenn sich in den Wäldern dieser dezente Knoblauchduft verbreitet, hüpft mein Herz vor Freude. Bärlauch kannst du in deinem Garten und sogar im Kübel anbauen. Das würzige Kraut mag es gerne halbschattig und bevorzugt einen nährstoffreichen Boden. Er kommt immer wieder und vermehrt sich ganz von alleine. Nach der Ernte- und Blütezeit zieht er sich zurück, um im Frühling erneut aus der Erde zu spitzen. Bitte aber keinesfalls dort anbauen, wo auch Maiglöckchen wachsen. Die Verwechslungsgefahr ist zu groß.

- Juli bis Oktober im Freiland, da Bärlauchsamen einen Kältereiz für die Keimung im Frühling benötigen.
- 15–20 Tage ab 5 °C
- Zwiebelpflanzen im März setzen (7–10 cm tief)
- Pflanzabstand 10 cm
- Blätter einzeln ernten. Bitte immer ein bis zwei Blätter an der Pflanze belassen, damit diese weiterwachsen kann. Die Blüten sind ebenfalls essbar.

GRÜNER SPARGEL

Spargel ist eine faszinierende Pflanze, denn aus den Wurzelrhizomen wachsen unterirdisch die langen Stangen. Bei grünem Spargel wachsen sie oberirdisch weiter. Er ist im Privatgarten einfacher anzubauen als der in der Küche beliebte weiße oder violette Bleichspargel. Wie das genau geht, liest du ab S. 110.

Rhizome von März bis April setzen

Pflanzabstand 30–40 cm, Reihenabstand 120–140 cm

Geerntet wird ab Ende April, wenn die Stangen etwa 20 cm lang sind und der Spargelkopf noch fest geschlossen ist. Traditionell endet die Ernteperiode von Spargel am 24. Juni, Johannistag, damit sich die Pflanzen bis zur nächsten Saison wieder regenerieren können.

MEERRETTICH

Die Pfahlwurzeln des Meerrettichs bringen gerieben ihre typische Schärfe in verschiedene Gerichte. Gerne wird Meerrettich, mit Sahne vermischt, als Dip zu Fisch gegessen. Im Garten lässt er sich leicht anbauen, wenn er an einem hellen Standort tief wurzeln kann. Der Boden sollte demnach locker und durchlässig sein. Da Meerrettich sehr winterhart ist, musst du dir um die Überwinterung keine Gedanken machen. Die Pflanzung ist nicht ganz einfach, denn die Wurzelstücke, sogenannte Fechser, werden schräg im Boden platziert.

Pflanzung der Fechser ab Ende März

Pflanzabstand 60 cm

Geerntet werden die Pfahlwurzeln im Herbst, wenn die Blätter zu welken beginnen. Verbleiben Wurzelstücke im Boden, vermehrt sich Meerrettich von ganz alleine. Er kann sich dadurch allerdings schnell ausbreiten.

RHABARBER

Ja, Rhabarber ist Gemüse, auch wenn er eher wie Obst verwendet wird. Die süßsauren Stangen werden gerne zu Kuchen oder Kompott verarbeitet und sind ein absolutes Saisongemüse. Der Erntezeitraum ist ähnlich wie beim Spargel von Ende April bis zum Johannistag am 24. Juni. Danach dürfen sich die Pflanzen erholen, um im nächsten Jahr wieder eine reiche Ernte zu bescheren. Im Sommer bildet sich außerdem zu viel Oxalsäure im Rhabarber, weshalb er nicht mehr verzehrt werden sollte.

- Wurzelstücke im April oder im Herbst pflanzen
- Pflanzabstand 100 cm
- Kräftige Rhabarberstangen mit einem Ruck herausdrehen, nicht abschneiden. Das Blatt abschneiden und, je nach Sorte, die Stangen vor der Verarbeitung schälen.

SAUERAMPFER

Wie der Name schon sagt, sind die Blätter dieser mehrjährigen und winterharten Staude sauer. Beliebt ist der Sauerampfer als Suppe, und er bereichert Salate und Kräutermischungen mit seinem charakteristischen Geschmack.

- Ab März im Freiland. Lichtkeimer! Samen daher nicht mit Erde bedecken.
- 15–20 Tage bei 3–23 °C
- Pflanzabstand 25 cm, Reihenabstand 30 cm
- Geerntet werden die Blätter einzeln. Das Herz der Pflanze stehen lassen für fortlaufende Ernten.

TIPP

Etwas milder, und optisch ein echtes Highlight, ist sein Verwandter, der Blutampfer.

TOPINAMBUR

Eine wirkliche Bereicherung im Gemüse- und Blumengarten ist Topinambur. Zu empfehlen ist unbedingt der Anbau im Kübel, da sich die Pflanzen sehr stark ausbreiten können (S. 120). Die gesunden Knollen schmecken toll als Püree oder frittiert als Chips, wenngleich der Geschmack etwas gewöhnungsbedürftig ist.

- Knollen von März bis April
- Pflanzabstand 50–60 cm
- Ab Oktober werden die abgetrockneten Pflanzstiele aus der gelockerten Erde gezogen. An diesen hängen die Knollen, die allerdings nur bedingt lagerfähig sind. Da Topinambur frosthart ist, solltest du immer nur bei Bedarf ernten.

TIPP

Sorge für einen guten Schutz vor Frost durch eine dicke Schicht Laub und Reisig. Im Frühjahr, wenn die Sonne den Boden erwärmt, können die Mehrjährigen dann wieder zu ihrer vollen Pracht erwachen.

WINTERHECKENZWIEBELN

Die Winterheckenzwiebel kann eingeordnet werden zwischen Schnittlauch und Lauchzwiebel. Die Pflanze ist winterhart und wird über mehrere Jahre genutzt. Geschnitten wird das frische Grün, welches immer wieder nachwächst. Der Anbau erfolgt wie bei Lauchzwiebeln, falls du dich lieber für diese entscheiden solltest, kannst du dich ebenso an diese Infos halten.

- März bis April im Freiland
- 15–20 Tage bei 15–20 °C
- Pflanzabstand 20 cm
- Die Winterheckenzwiebel bildet Horste von 30–60 cm. Geschnitten wird das frische Laub kurz über dem Boden je nach Region bereits ab März. Es wächst laufend nach und kann fast das ganze Jahr über geerntet werden.

MEHRJÄHRIGE NASCH-KRÄUTER

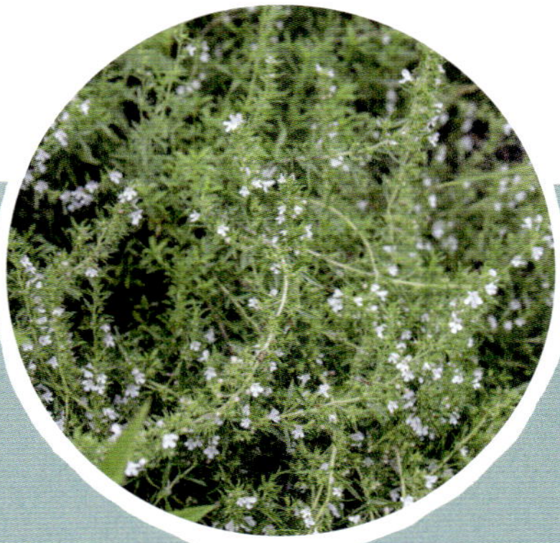

BERG-BOHNENKRAUT

Berg-Bohnenkraut kann ganz wunderbar als Begrenzung von Wegen oder Beeten gepflanzt werden, da sich die krautigen Pflanzen sehr gut beschneiden lassen. Als Gewürz- und Heilpflanze findet Berg-Bohnenkraut, ähnlich wie das einjährige Bohnenkraut, vor allem in Kartoffel-, Fleisch- und Bohnengerichten sowie in Eintöpfen Anwendung.

- März bis April. Lichtkeimer! Samen daher nicht mit Erde bedecken.
- 10–30 Tage bei 10–22 °C
- ab April
- Pflanzabstand 25–50 cm
- Am meisten Aroma hat es im frühen Sommer vor der Blüte. Die Blätter werden frisch oder getrocknet verwendet.

CURRYKRAUT

Der intensive Duft nach Curry macht diese Pflanze zu etwas ganz Besonderem. Im Sommer blüht sie gelb und bereichert damit sowohl Kräuter- als auch Staudenbeete. Nicht zu verwechseln mit dem Currygewürz. Dennoch ist das Aroma sehr intensiv und verfeinert insbesondere Reis-, Gemüse- und Fleischgerichte mit einer dezent bitteren Currynote. Das verholzende Kraut ist ein Sonnenanbeter, das trockene und durchlässige Böden bevorzugt.

- ab Januar
- 10–14 Tage bei 18–22 °C
- ab Mai
- Pflanzabstand 25–30 cm
- Man verwendet ganze Zweige oder hackt Blätter fein und verwendet sie frisch oder getrocknet in der Küche.

ESTRAGON

Charakteristisch für das Würzkraut ist das feine Anis-Aroma. Die wohl bekannteste Verwendung ist Sauce béarnaise, für die Französischer Estragon genutzt wird. Dieser ist allerdings nicht winterhart, wohingegen andere Arten, wie Russischer Estragon, winterhart sind. Im Freien wird das Kraut im Frühjahr zurückgeschnitten und treibt dann erneut aus.

- März bis Juli. Lichtkeimer! Samen daher nicht mit Erde bedecken.
- 7–14 Tage bei 18–22 °C
- ab Mai
- Pflanzabstand 25–30 cm
- Verwendet werden die intensiv schmeckenden Blätter. Estragon kann gut geschnitten werden, daher schneidet man ganze Stängel und zupft davon die Blätter ab.

KÜCHENLORBEER

Als immergrüne Pflanze macht sich Küchenlorbeer sowohl im Kübel als auch im Stauden- und Kräuterbeet richtig gut – allerdings nur in milden Regionen. In kühleren Lagen sollte er frostfrei im Haus überwintert werden. Die Blätter werden vor allem bei eher deftigen Gerichten wie Rotkohl oder in Suppen und Eintöpfen verwendet. Die Anzucht ist sehr langwierig, daher empfiehlt es sich, bereits kräftige Pflanzen zu kaufen.

- ganzjährig möglich
- 14–60 Tage bei 22–25 °C; Samen 12 Stunden in lauwarmem Wasser vorquellen
- ab Mai
- Pflanzabstand 50–70 cm
- Blätter erntest du einzeln und trocknest sie oder verwendest sie frisch in der Küche.

LAVENDEL

Die lilafarbenen Blüten des Lavendels sind eine duftende Zierde. Das Kraut lässt sich aber auch in der Küche einsetzen und aromatisiert vor allem Desserts. Die Blüten ziehen Insekten an und halten Mücken fern.

- Februar bis Mai
- 12–20 Tage bei 10–20 °C
- ab Mai
- Pflanzabstand 25–30 cm
- Die ätherischen Öle sind vor allem in den Blüten enthalten. Diese können getrocknet verwendet werden.

MINZE

Im Sommer ein frischer Minztee auf der Terrasse – das ist wirklich herrlich. Minze ist so erfrischend und sehr pflegeleicht. Die ausufernden Wurzeln verbreiten sich stark und sorgen für eine rasante Vermehrung des duftenden Krauts. Daher empfiehlt es sich, Minze immer im Kübel oder mit einer Wurzelsperre zu pflanzen. Die Sorten reichen von mentholhaltiger Pfefferminze bis zu fruchtigeren Sorten, wie Melonenminze oder der beliebten Nanaminze.

- März bis Mai
- 10–15 Tage bei 16–20 °C
- ab April
- Pflanzabstand 25–50 cm
- Ernte am besten ganze Stiele und zupfe die Blätter ab, um sie zu trocknen oder frisch zu verwenden.

TIPP

Die meisten Kräuter sind zwei- oder mehrjährig. Einmal gepflanzt, geschützt und gepflegt, hast du auf jeden Fall lange etwas davon.

PETERSILIE

Kaum ein anderes Kraut ist so beliebt wie Petersilie. Ob glatte oder krause Petersilie, das zweijährige Kraut wird vor allem frisch verwendet und vielseitig eingesetzt. Nicht immer gelingt der Anbau, wenn sich Petersilie aber einmal an ihrem Platz wohlfühlt, kann reichlich geerntet werden.

- März bis Juli
- Mitte Januar bis Mitte Juli
- 15–25 Tage bei 12–20 °C
- März bis August
- Pflanzabstand 20 cm
- Einzelne Stängel bodennah abschneiden von außen nach innen. Bleibt das Herz der Pflanze stehen, kann laufend geerntet werden, bis sich im zweiten Standjahr eine Blüte aus der Mitte heraus bildet.

ROSMARIN

Die buschigen Gewürzsträucher lieben es sonnig und bevorzugen einen eher trockenen, kargen Boden. Je nach Sorte kann Rosmarin bis zu 120 cm hoch werden. Für Hochbeete eignet sich hängender Rosmarin sehr gut. Die Blüten im Sommer sind wahre Insektenmagnete. Nicht alle Sorten sind winterhart und sollten insbesondere in kühleren Lagen gut im Winter geschützt oder im Haus überwintert werden. Junge Pflanzen auf jeden Fall im Winter mit Reisig vor Frost schützen.

- Januar bis Juni
- 15–35 Tage bei 16–24 °C (je nach Sorte)
- ab Mai
- Pflanzabstand 50 cm
- Man schneidet ganze Zweige ab, damit sich der Strauch an den Schnittstellen wieder neu verzweigt. Die Nadeln zupfst du vom Stiel ab und verwendest sie frisch oder getrocknet.

SALBEI

Die silbrig behaarten Blätter des Salbeis sind besonders beliebt in der mediterranen Küche oder als Teekraut. An warmen, sonnigen Standorten fühlt sich Salbei besonders wohl. Es gibt ganz tolle Sorten mit fruchtiger Note, wie Ananas- oder Pfirsichsalbei. Nur einige Arten, wie der normale Küchensalbei *Salvia officinalis* sind winterhart. Bei diesen empfiehlt sich ein guter Winterschutz aus Laub und Reisig. Alle anderen müssen frostfrei, zum Beispiel in der Garage, überwintert werden.

- im März
- 7–21 Tage bei 5–18 °C
- ab Mai
- Pflanzabstand 30–50 cm
- Geerntet werden, wie beim Rosmarin, ganze Triebspitzen mit mehreren Blättern. Er kann sowohl frisch als auch getrocknet verwendet werden.

THYMIAN

Thymian wächst gerne an sonnigen, eher trockenen Standorten und kann aufgrund seiner kompakten Größe ganz toll als Beet- oder Wegbegrenzung gepflanzt werden. Seine Blüten ziehen zahlreiche Insekten an, und in der Küche lässt sich das Kraut vielseitig einsetzen. Besonders dufte ist der Zitronenthymian.

- ab März
- 10–15 Tage bei 16–20 °C
- ab Mai
- Pflanzabstand 25–30 cm
- Zweige werden abgeschnitten und die Blätter von den holzigen Stielen abgezupft. Thymian kann frisch oder getrocknet verwendet werden.

TIPP

Nicht winterharte Kräuter kannst du im Herbst ausgraben, in einen Topf pflanzen und an einem frostfreien, hellen Platz überwintern. Im Frühjahr werden sie dann wieder ins Beet gepflanzt.

YSOP

Die Blüten ziehen zahlreiche Insekten an, was dieses Kraut zu einem wertvollen Begleiter im Garten macht. Zudem ist Ysop ein würziges Kraut, das gut in der Küche verwendet werden kann und in der Heilkunde durch seine schleimlösenden Eigenschaften beliebt ist. Der mehrjährige Halbstrauch besticht durch die blau-violetten Blüten und sein aromatisches Laub.

März bis Mai

März bis April

4–20 Tage bei 15–20 °C

Pflanzabstand 30–40 cm

Die Ernte erfolgt vor der Blüte zwischen Juni und August. Das beste Aroma hat Ysop kurz vor der Blüte, wobei genau diese ein Insektenmagnet ist. Daher lasse ich immer gerne ein paar Blüten für Bienen & Co stehen.

ZITRONENVERBENE

Der Duft von Blättern der Zitronenverbene ist unvergleichlich. So ein intensives Zitrusaroma erlebt man nur selten. Daher ist der verholzende, leider nicht winterharte Strauch ein absolutes Muss im Kräutergarten. Überwintert werden kann Zitronenverbene frostfrei im Haus.

Februar bis März

10–20 Tage bei etwa 20 °C

Pflanzabstand 30–40 cm

Mai bis Oktober
Durch regelmäßigen Rückschnitt bei der Ernte treibt Zitronenverbene während ihrer Wachstumsperiode erneut aus und wächst buschiger weiter.

DAS LECKERSTE NASCH-OBST

ÄPFEL

Äpfel sind das beliebteste Obst in Deutschland. Nicht verwunderlich also, dass es in zahlreichen Gärten Apfelbäume gibt. Auch für wenig Platz gibt es entsprechende Bäume, die als Säulen- oder Spalierobst gepflanzt werden und sogar im Kübel gehalten werden können – natürlich mit entsprechend geringerer Erntemenge. Wenn es um die Lieblingssorte geht, fällt die Wahl oft schwer. Denn Sorten für den Privatgarten gibt es wirklich zahlreich.

wurzelnackte Pflanzen von Oktober bis März (bei frostfreiem Boden), Kübelpflanzen von März bis Mai

je nach Wuchsform 2–8 m

Von September bis Oktober. Ob die Äpfel reif sind, kannst du herausfinden, wenn du einen Apfel anhebst und ihn drehst. Lässt er sich leicht vom Ast lösen, ist er erntereif.

BIRNEN

Birnen wachsen ähnlich wie Äpfel. Daher gibt es für dieses köstliche Obst verschiedene Anbauformen vom Spalierbaum bis zur Säulenbirne. Kannst du dich also nicht entscheiden zwischen Apfel und Birne, dann pflanz dir einfach die kleinwachsenden Veredelungen auf den Balkon oder in den Garten und freu dich auf deine genussvolle Spätsommerernte.

wurzelnackte Pflanzen von Oktober bis März (bei frostfreiem Boden), Kübelpflanzen von März bis Mai

je nach Wuchsform 2–8 m

Von September bis Oktober. Reife Birnen lassen sich leicht vom Ast abdrehen und duften herrlich süß.

BROMBEEREN

Für den Naschgarten gibt es sehr leckere und teils stachellose Sorten. Brombeeren sind allerdings etwas heikel, denn hat man sie einmal im Garten, wird man sie schlecht wieder los. Die Pflanzen bilden sehr weitläufige Wurzeln und treiben immer wieder aus, selbst wenn die ursprüngliche Pflanze schon längst entfernt wurde. Es gibt aber auch Topfbrombeeren, die sich dann entsprechend nur im Kübel ausbreiten können. Geschnitten werden im Frühjahr die Triebe, die bereits Früchte getragen haben. Am besten dünnst du auf wenige Triebe aus, damit du den Überblick über die Pflanze behältst.

- September bis Oktober oder März bis April
- Pflanzabstand 80–150 cm
- Von Juli bis September reife Früchte pflücken. Sie sollten auf Druck etwas nachgeben und sich leicht vom Strauch lösen lassen.

ERDBEEREN

Rot und saftig sind die Früchte, die uns den frühen Sommer so sehr versüßen. Erdbeeren aus dem eigenen Garten sind deswegen so besonders, weil du dir deine Lieblingssorten aussuchen kannst und die Pflanzenvermehrung fast von ganz alleine funktioniert. Erdbeeren vermehren sich über sogenannte Kindel, das sind Ableger, die im Sommer an den Mutterpflanzen wachsen und bei Bodenkontakt direkt Wurzeln bilden. Wenn du Platz im Garten hast, kannst du die Pflanze also einfach die ganze Arbeit machen lassen. Es gibt nur einen Wermutstropfen: Die Mutterpflanze wird dann in dieser Saison keine oder kaum noch Früchte tragen, weil sie ihre Kraft in die Bildung der Tochterpflanzen steckt. Übrigens gibt es einmal- und immertragende Sorten. Letztere bilden über einen langen Zeitraum immer wieder neue Früchte. Erdbeeren sollte man nach der letzten Ernte im Sommer, spätestens im Herbst, noch einmal düngen, da sie dann bereits die Blütenknospen für das kommende Jahr anlegen.

- Juli bis September oder März bis Mai
- Pflanzabstand 20–30 cm
- Von Mai bis Juli, wenn die Früchte rundum rot sind und herrlich duften.

HIMBEEREN

Je nach Sorte bilden Himbeeren lange Triebe, aus denen sich sehr gut Naschhecken pflanzen lassen. Für kleinere Gärten und Balkone gibt es kompakt wachsende Sorten, die gut für den Kübel geeignet sind. Es wird unterschieden zwischen **Sommer- und Herbsthimbeeren**. Sommerhimbeeren tragen an den im Vorjahr gewachsenen Trieben und damit schon viel früher als Herbsthimbeeren. Daher werden nach der Ernte nur die Triebe, an denen Früchte gewachsen waren, bodennah abgeschnitten, und junge Triebe für die Ernte im nächsten Jahr werden an Rankhilfen angebunden. Herbsthimbeeren tragen immer an den diesjährigen Trieben. Daher können nach der Ernte, spätestens im Frühjahr, alle Triebe bodennah abgeschnitten werden.

September bis Oktober oder März bis April

Pflanzabstand 40–50 cm

Sommerhimbeeren im Juli, Herbsthimbeeren von Spätsommer bis Herbst. Gepflückt werden die Früchte, wenn sie gut gefärbt sind und sich leicht vom Strauch zupfen lassen.

JOHANNISBEEREN

Sauer und fruchtig-intensiv sind sie, die kleinen weißen, roten oder schwarzen Beeren. Beliebt sind Johannisbeeren vor allem für Kuchen, Marmelade, Saft und Schnaps. Die kleinen Beeren hängen in Rispen an den Pflanzen. Im Garten sind die kompakten, bis zu 160 cm hohen Johannisbeersträucher beliebte Beerenpflanzen.

September bis Oktober oder März bis April

Pflanzabstand 120–150 cm

Ab Juni werden die Früchte reif. Sie werden geerntet, wenn sie ihre entsprechende Farbe bekommen haben.

PHYSALIS

Physalis ist genau genommen der Gattungsname der Kapstachelbeere, auch Andenbeere genannt. Zur selben Gattung zählen noch die Ananaskirsche und die Tomatillo. Die süßen Früchte sind zumeist gelb bis orange und wachsen charakteristisch in einer lampionartigen Hülle heran. Die Früchte werden gerne als Deko für Desserts verwendet und schmecken als Naschobst ganz toll. Tomatillo ist die herzhaftere Variante, aus der die bekannte Salsa Verde zubereitet wird. Übrigens werden Physalispflanzen kaum von Krankheiten oder Schädlingen heimgesucht. Allerdings sind sie nicht winterhart. Man zieht sie entweder jedes Jahr neu oder überwintert die Pflanzen im Haus.

- vorgezogene Pflanzen ab Mitte Mai
- Pflanzabstand 50 cm
- Ab Juli reifen die Früchte heran. Du erkennst die Erntereife daran, dass die lampionartige Hülle abgetrocknet ist und sich leicht vom Strauch pflücken lässt. Oft fallen die Früchte mitsamt der Hülle auch schon zu Boden.

Genug mit Pflanzenkunde, jetzt geht's los mit der Beetplanung!

umblättern →

BEETPLAN

DER FRÜHE VOGEL

Der Winter neigt sich langsam dem Ende entgegen, und schon juckt es in den Fingern. Mit dem pflegeleichten Beet „Der frühe Vogel“ startest du bereits ab Ende Februar. Alle Gemüsearten in diesem Beet sind eher Schwach- bis Mittelzehrer, daher musst du dir um eine Düngung nur wenig Gedanken machen.

	Voranzucht	Direktsaat	Freilandpflanzung	Pflanzabstand
Frühe Möhren	Januar	Februar bis April	Februar bis Juli	2–3 cm
Dicke Bohnen	Januar bis März	Februar bis Mai	März bis Mai	10 cm, 2–3 cm tief
Lauchzwiebeln	Januar bis Juni	Februar bis August	Februar bis August	2 cm

DEIN ZEITAUFWAND

→ **Gießen** – in moderatem Umfang, da die Verdunstung so früh im Jahr noch gering ist

→ **Schädlinge abwehren** – Schnecken mögen junges Möhrengrün und Blattläuse lieben Dicke Bohnen

FEBRUAR

- Sobald der Boden frostfrei ist, wird gesät. Weiche auf einen späteren Zeitpunkt aus, wenn es die lokale Witterung erfordert.
- Den Boden zur Vorbereitung gut lockern. Die Aussaaten mit Erde bedecken, festdrücken und gut durchfeuchten.
- Startest du sehr früh, dann decke das Beet mit **Vlies** oder einem **Frühbeetaufsatz** ab und halte es frostfrei.
- **Möhren** und **Lauchzwiebeln** kann man in Abständen von zwei bis drei Wochen nachsäen, um den Erntezeitraum zu verlängern.

MÄRZ

- **Möhren** brauchen lange, bis sie keimen. Keine Sorge also, wenn es hier etwas länger dauert.
- Junge Keimlinge vor **Schnecken** schützen: Schneckenzäune anbringen oder zerkleinerte Eierschalen lückenlos um die Pflanzen streuen.

TIPP

Schnecken am besten regelmäßig in der Dämmerung absammeln und nach Möglichkeit weit entfernt von deinen Gemüsepflanzen aussetzen.

APRIL

- Die **Dicken Bohnen** werden langsam größer und können, je nach Sorte, Pflanzstäbe zur Unterstützung vertragen. Langwachsende Sorten neigen zum Kippen und könnten dann **Möhren** und **Lauchzwiebeln** den Platz streitig machen.

MAI

- Es wird allmählich wärmer. **Vlies** und **Frühbeetaufsatz** wirst du jetzt nicht mehr benötigen.
- Halte dein Beet weiterhin unkrautfrei und feucht.
- Sollten **Schwarze Bohnenläuse** an den Dicken Bohnen auftreten, kannst du sie entweder mit den Fingern abstreifen oder die Pflanzen mit einer Rapsöl-Wasser-Lösung besprühen.

TIPP

Gegen Blattläuse hilft eine **Rapsöl-Wasser-Mischung**. Mische dazu 1 Teil Rapsöl mit 9 Teilen Wasser in einer Sprühflasche. Schüttele das Gemisch gut durch und besprühe die befallenen Pflanzen damit. Am besten machst du das morgens oder abends, wenn es keine starke Sonneneinstrahlung gibt. Dieses Prozedere sollte alle zwei bis drei Tage durchgeführt werden, bis die Läuse verschwunden sind.

JUNI

→ Ab Juni kannst du die ersten **Dicken Bohnen** ernten. Die Früchte in ihren länglichen Hülsen werden von unten nach oben an den Pflanzen reif.

→ Geerntet wird, wenn die Hülsen prall sind und knacken, wenn man ihre Schale aufbricht.

→ Zu dicht wachsende **Möhren** solltest du vereinzeln. Dazu ziehst du einfach vorsichtig einzelne Möhren an ihrem Grün aus der Erde, sodass immer nur alle 2–3 cm eine Pflanze stehen bleibt. So werden die einzelnen Möhren kräftiger.

TIPP

Schmeiß die entnommenen Möhren aber nicht weg. Das junge Möhrengrün und der zarte Wurzelansatz schmecken herrlich frisch nach Möhre und können toll im Salat oder als eine Art Pesto verwendet werden.

JULI BIS SEPTEMBER

- In den Sommermonaten werden **Lauchzwiebeln** und **Möhren** reif und können bei Bedarf nach und nach geerntet werden.
- **Dicke Bohnen** sind bereits abgeerntet. Wenn du das Beet über den Herbst und Winter nicht anderweitig nutzen willst, kannst du die Pflanzen bodennah abschneiden und die Wurzeln im Beet belassen. Sie reichern den Boden durch Knöllchenbakterien mit Stickstoff an.

SORTENEMPFEHLUNGEN

Möhren	→ **'Amsterdam 2'** – Sehr frühe Sorte für den ersten Anbau. Wächst gut sowohl unter Folie als auch im Freiland. Lange, schmale Wurzeln. → **'Rodelika'** – Stark wachsende Sorte. Große, abgestumpfte Möhre mit intensiver Orangefärbung. Sehr gut für Säfte geeignet durch kräftigen, süß-aromatischen Geschmack. → **'Purple Haze'** – Besondere Färbung: innen orange, außen dunkelviolett. Sogenannte Ur-Möhre mit süßem, fruchtigem Geschmack. Mittelfrühe Reifung, glattschalige Wurzeln mit einer Länge von 18–20 cm.
Lauchzwiebeln	→ **'Ishikura Long White'** – Bildet keine Zwiebeln, sondern lange, weiße, dicke Schäfte. Toleranz gegen Thripsbefall. Sehr frosthart. → **Winterheckenzwiebel** – Ausdauernde Zwiebelpflanze mit kräftigem Laub. Schnell wachsend und mehrjährig, wenn nur das Laub geschnitten wird.
Dicke Bohnen	→ **'Aquadulce'** – Lange Hülsen mit je 7–9 großen, grünlichen Samen, die sich mit der Reife rotbraun verfärben. Mittelfrühe und starkwachsende Sorte. → **'Ratio'** – Niedrig wachsende Sorte mit sehr früher Reifung.

BEETPLAN

BUNTER HUND

Vielfältig und flexibel – so ist der „Bunte Hund“. Entscheide selbst, welche großwüchsige Gemüsesorte den bunten Mangold und die leuchtend grüne Petersilie begleiten soll: Kürbis, Zucchini oder vielleicht Tomatillo? Die Früchte der schönen Tomatillo werden zum Beispiel für die pikante Salsa Verde verwendet.

	Voranzucht	Direktsaat	Freilandpflanzung	Pflanzabstand
Mangold	Februar bis April	April bis Aug.	April bis August	25–30 cm
Petersilie	Januar bis Juli	März bis Juli	März bis August	20 cm
Kürbis / Zucchini	April bis Mai	Mai bis Juni	Mitte Mai bis Ende Juni	50–100 cm
Tomatillo	März bis April	-	ab Mitte Mai	50–70 cm

DEIN ZEITAUFWAND

→ Gießen

→ Erde lockern

→ Unkraut zupfen

→ Ernten

APRIL BIS MAI

→ **Kürbis, Zucchini** oder **Tomatillo** werden als vorgezogene Pflanzen Mitte Mai gepflanzt.

→ **Mangold** und **Petersilie** können gut direkt gesät werden, aber auch hier sparst du dir Zeit, wenn du vorgezogene Pflanzen verwendest.

JUNI

→ **Petersilie** und **Mangold** können jetzt schon geerntet werden. Ernte beim Mangold die äußeren Blätter. Lässt du das Herz der Pflanzen stehen, kannst du über einen langen Zeitraum immer wieder ernten.

→ Ab Ende des Monats reifen die ersten **Zucchini** heran. Je nach Sorte erntest du die Früchte, solange sie noch klein sind. Dann sind sie besonders zart und lecker.

→ Der **Kürbis** wird lange Ranken bilden, die du am besten aus dem Beet hinauswachsen lässt. Kürze sie hinter einem Fruchtansatz ein, wenn sie dir zu lang werden. Bei kleinfruchtigeren Sorten, wie Hokkaido-Kürbissen, kannst du mehr Früchte wachsen lassen. Bei größeren Sorten, wie Muskat- oder Halloween-Kürbissen, lässt man nur zwei oder drei Früchte ausreifen.

→ **Tomatillo** wird groß und buschig, stütze die Pflanze mit einem Pflanzstab und binde lange Triebe hoch.

→ Ende Juni wird mit einem **Langzeitdünger** nachgedüngt. Das ist zeitsparender als die wöchentliche Düngung mit Flüssigdünger.

JULI BIS SEPTEMBER

→ Es ist Erntezeit im Hochbeet! In den Sommermonaten kannst du je nach Sorte reichlich ernten.

→ **Zucchini** immer dann ernten, wenn die Früchte etwa 20–25 cm lang oder, bei runden Sorten, so groß wie ein Tennisball sind.

→ **Kürbisse** lässt man so lange an den Ranken, bis der Strunk trocken ist. Je nach Sorte sind die Früchte mehrere Monate lagerfähig.

→ **Tomatillo** sind erntereif, wenn die lampionartigen Hüllen getrocknet sind und sich die Früchte leicht abpflücken lassen.

→ **Mangold** kann fortlaufend geerntet werden. Wenn sich aus der Mitte ein dicker Stiel bildet, dann will die Pflanze in Blüte gehen. Schneide diesen weit unten heraus, dann verlängerst du die Erntezeit.

→ Ansonsten wirst du in heißen und trockenen Phasen regelmäßig **gießen** müssen, damit die vieltragenden Pflanzen ausreichend versorgt sind.

TIPP

Zucchini und Kürbis sind oft anfällig für Echten Mehltau. Du erkennst ihn an einem weißlich-pelzigen Belag auf den Blättern. Entferne befallene Blätter frühzeitig und besprühe die Pflanzen mit einer Milch-Wasser-Lösung (S. 87).

Besonders im Sommer braucht dieses Beet viel Wasser.

SORTENEMPFEHLUNGEN

Mangold	→ **'Feurio'** – Leuchtend rote Stiele, die toll aussehen. Die Farbe bleibt beim Kochen erhalten. → **'Bright Lights'** – Bunte Mischung von Stielmangold in Rot, Orange, Rosa, Gelb und Weiß. Attraktives Farbspiel sowohl im Gemüse- als auch im Blumenbeet.
Petersilie	→ **'Mooskrause'** – Kräftig grüne Sorte mit fein gekrausten Blättern und langen Stielen. → **'Gigante d'Italia'** – Glatte Petersilie mit gutem Aroma. Großflächige, glatte, dunkelgrüne Blätter. Sehr ertragreich und starkwüchsig, bis zu 50 cm hoch.
Kürbis	→ **'Green Hokkaido'** – Hokkaido mit grüner Schale, die mitgegessen werden kann. Gut rankende Sorte. Früchte mit feinem Geschmack und guter Lagerfähigkeit. → **Spaghetti-Kürbis** – Längliche, gelbliche Früchte. Das Fruchtfleisch zerfällt beim Kochen in spaghettiähnliche Streifen. Die Schale kann nicht verzehrt werden.
Zucchini	→ **'Eight Ball'** – Runde, grüne Früchte, die nicht zu groß werden sollten. Ausgehöhlt kann man sie ganz toll füllen und im Ofen garen. → **'Gold Rush'** – Längliche, goldgelbe Früchte mit gutem Aroma. Reichtragende Sorte.
Tomatillo	→ **'Purple'** – Seltene Sorte, deren Früchte von grün zu violett abreifen. Die Früchte schmecken je nach Reifegrad säuerlich bis süß-würzig. → **'Aurora'** – Gelbe Früchte, die mandarinengroß werden können. Sie schmecken süß-säuerlich und eignen sich gut für Soßen, als Gemüse in der Pfanne und können roh gegessen werden, wenn sie voll ausgereift sind.

Die Petersilie 'Gigante d'Italia' kann auch gut im Kübel kultiviert werden.

Der Mangold 'Bright Lights' ist ein echter Augen- und Gaumenschmaus.

BEETPLAN

WIE BEI OMA

Bei diesem Beet kannst du dir viel Zeit sparen, wenn du vorgezogene Pflanzen und Steckzwiebeln verwendest. Ansonsten beginnst du mit einem gut gelockerten Boden und säst ab März die einzelnen Sorten aus. Geerntet wird von Mai bis Juli. Danach ist das Beet wieder frei für Herbstgemüse – doppelt besetzt also und damit doppelt geerntet. Klingt gut? Dann legen wir mal los.

	Voranzucht	Direktsaat	Freilandpflanzung	Pflanzabstand
Rote Bete	März bis Mai	April bis Juli	April bis Juli	5–8 cm, 3–4 cm tief
Kopfsalat	Januar bis April	April bis Juni	März bis August	25 cm
Zwiebeln	März bis April	März	April bis Mai	8–10 cm
Fenchel	Februar bis Juli	Mai bis Juli	April bis August	25–30 cm

Beet-Maße: 200 x 100 cm

DEIN ZEITAUFWAND

→ **Gießen** und **Unkraut zupfen** – Das ist lästig, aber ein- bis zweimal pro Woche nötig. Dauert nur wenige Minuten, versprochen!

→ **Schnecken absammeln** – schau vor allem unter den Salatblättern, da verstecken sie sich gerne

MÄRZ BIS APRIL

- → Aussaaten mit Erde bedecken, festdrücken und gut durchfeuchten.
- → Jungpflanzen ab April setzen und gut angießen.
- → Bei frühem Start und kalter Witterung Beet mit **Vlies** oder **Frühbeetaufsatz** abdecken und frostfrei halten.

TIPP

Verwende Steckzwiebeln, statt Zwiebeln zu säen. Stecke sie mit der flacheren Wurzelseite nach unten nur so tief in die Erde, dass die Spitze herausschaut.

MAI

- → Bei feuchter Witterung immer fleißig **Schnecken** absammeln und sie möglichst weit weg von deinen Gemüsebeeten aussetzen.
- → Früh gesetzte **Salate** können im Mai schon geerntet und in der Reihe neu gepflanzt oder gesät werden.

JUNI

- → Jetzt kannst du den Pflanzen beim Wachsen zusehen. Sie legen ordentlich an Größe zu.
- → **Fenchel** und **Rote Bete** bilden nun dicke Knollen. Ernte Rote Bete, wenn die Knollen etwa billardkugelgroß sind und der Fenchel eine kräftige, leicht bauchige Form hat. Auf jeden Fall ernten, bevor die Pflanzen in die Blüte gehen.

→ <u>Tipp:</u> Rote-Bete-Blätter schmecken köstlich im Salat. Ernte ab und zu ein paar, ohne der Pflanze jedoch zu viel Blattwerk wegzunehmen.

JULI

→ **Salate** hast du vielleicht schon ein zweites Mal geerntet und nachgesät.

→ Die **Zwiebeln** sind erntereif, wenn ihr grünes Laub zu welken und abzuknicken beginnt. Das bezeichnet man in der Gärtnersprache als „geknickte Schlotten". Zieh die Zwiebeln aus der Erde und lasse sie an der Sonne abtrocknen. Dann sind sie lagerfähig.

SORTENEMPFEHLUNGEN

Rote Bete	→ **'Ägyptische Plattrunde'** – Dunkelrotes Fleisch. Besonders für den frühen Anbau geeignet. → **'Tondo di Chioggia'** – Ihr weiß-pink geringeltes Fleisch sieht aus wie ein Bonbon und ist daher für den Rohverzehr ein Augen- und Gaumenschmaus.
Kopfsalat	→ **'Maikönig'** – Mittelgroße, feste Köpfe für den frühen Freilandanbau. → **'Attraktion'** – Ein zartbuttriger Salat mit großen, hellgrünen Köpfen, der gut für den Vorsommer geeignet ist.
Zwiebeln	→ **'Stuttgarter Riesen'** – Flachrunde, gelbe Sorte mit feinem Geschmack für den frühen Anbau. → **'Longor'** – Schalotte, die besonders schnell wächst. Kupferfarbene Schale mit rosa-veilchenblauem Fleisch.
Fenchel	→ **'Selma'** – Raschwachsende Sorte mit weißen, runden Knollen. Wenig Neigung zu Seitentrieben und schossfest. → **'Fino'** – Flachrunde Knolle, die besonders schossfest ist. Für die Frühkultur gut geeignet.

DIY WAS TUN, WENN DAS BEET ABGEERNTET IST?

Die Reihen lichten sich, das Beet ist leer. Was tun, wenn nichts mehr nachwächst, aber noch Zeit ist, um neues Gemüse zu säen oder zu pflanzen?

Das ist zu tun

01 Freie Reihen mit der Harke lockern und von Wurzelresten befreien.

02 Arbeite etwas Kompost oder einen biologischen Langzeitdünger wie Hornspäne ein. Merke dir: Je später im Jahr, desto weniger Dünger verwenden.

03 Säe und pflanze jetzt dein Herbst- und Wintergemüse. Welche Gemüsearten sich gut eignen, erfährst du auf S. 108.

04 Achte auf die Fruchtfolge (S. 92), damit dein Gemüse gesund und kräftig wächst.

TIPP

Du willst lieber kein Gemüse mehr in dieser Saison anbauen? Dann säe eine Gründüngung wie Phacelia, Sonnenblumen oder Senf. Denn für den Boden ist es besser, wenn darauf etwas wächst. So ist er geschützt vor Bodenerosionen, Austrocknung, und die zahlreichen Bodenlebewesen können ihn mit wichtigen Nährstoffen anreichern. Die Gründüngung kannst du einfach wachsen lassen, auch über den Winter, und die Pflanzenreste im Frühjahr in den Boden einarbeiten.

GURKEN-TRUPPE

Die Hauptakteure in diesem Beet sind Gurken und Brokkoli. Je nach Sorte wirst du Gurken in großen Mengen ernten können. Der Brokkoli ist ein köstliches Highlight und sieht toll aus im Beet. Lücken kannst du immer wieder mit Pflücksalat füllen. Damit nutzt du dein Beet optimal aus.

	Voranzucht	Direktsaat	Freilandpflanzung	Pflanzabstand
Pflücksalat	Februar bis Dezember	März bis September	Februar bis September	locker in der Reihe säen
Dill	-	April bis Juli	April bis Juli	locker in der Reihe säen
Brokkoli	Februar bis Mai	April bis Juni	Mai bis August	30–40 cm
Gurken	April bis Mai	Mai bis Juni	Mai bis Juni	50 cm

Beet-Maße: 200 x 100 cm

DEIN ZEITAUFWAND

- → **Gießen** – vor allem die Gurken sind sehr durstig
- → **Düngen** – mit Langzeitdünger
- → **Hacken** – regelmäßig die oberste Erdschicht lockern
- → **Unkraut entfernen**
- → Brokkoli nach **Kohlweißlingseiern** und **-raupen** absuchen

MÄRZ UND APRIL

→ Damit du bereits im Frühjahr dein Beet nutzen kannst, säst du breitwürfig verschiedene **Pflücksalate**. Bis die „großen“ Pflanzen ins Beet kommen, hast du schon mehrfach Salat geerntet.

→ Auch den **Dill** kannst du im April säen. Wenn du ihn, wie hier vorgeschlagen, in einer Reihe säst, dann miss vorher die Reihenabstände für die Gurken und den Brokkoli aus, damit später alle Pflanzen ausreichend Platz im Beet haben.

→ Falls du selber vorziehen möchtest, beginnst du mit der Anzucht deiner **Gurken- und Brokkolipflanzen** ab Ende März oder Anfang April.

→ Tipp: Gurken sind sehr kälteempfindlich. Jungpflanzen müssen daher vorsichtig und gut abgehärtet, also an das Klima im Freiland gewöhnt werden.

MAI

→ Die **Gurkenpflanzen** werden nach den Eisheiligen ab Mitte Mai gepflanzt, wenn keine Nachtfröste mehr angekündigt sind.

→ **Brokkoli** ziehst du entweder bis Mai vor, oder du besorgst dir in der Gärtnerei vorgezogene Jungpflanzen.

→ **Dill** erntest du den ganzen Sommer über. Schneide die frischen Dillspitzen ab und lass die Pflanzen weiter wachsen.

→ Tipp: Gieße deine Gurken mit sonnengewärmtem Regenwasser. Zu kaltes Wasser mögen sie nicht und lassen dann gerne mal die Blätter hängen. Für eine reiche Ernte brichst du die ersten zwei Fruchtansätze aus.

JUNI

→ Jetzt kommen die **Brokkolipflanzen** ins Beet.

→ **Pflücksalat** wird als Unterpflanzung ständig nachgesät, wenn du ihn abgeerntet hast. Lass die Blätter nicht zu groß werden. Jung und zart schmecken sie am besten.

→ Für die **Gurken** solltest du jetzt ein Rankgerüst bauen. Das lässt sich aus Bambusstäben und etwas Schnur leicht errichten. Am Gerüst können die langen Ranken der Gurken emporklettern. Du kannst sie über den Hochbeetrand auch nach unten wachsen lassen.

→ Tipp: Je nach Sorte ranken deine Gurken sehr stark. Du kannst lange Triebe einfach kürzen, wenn es dir zu viel wird. Bei vielen Sorten wächst aus jeder Blüte eine Frucht heran.

JULI UND AUGUST

→ **Gurken** kannst du jetzt regelmäßig ernten. Je öfter du erntest, desto mehr wächst nach. Ernte die Gurken, wenn die Schale glatt wird. Snackgurken werden etwa 10–15 cm, Schlangengurken 25–30 cm und Einlegegurken 5–8 cm lang.

→ Im Sommer machen sich leider häufig **Pilzerkrankungen** breit. Du erkennst dies an deinen **Gurkenpflanzen**, wenn sich Blätter braun verfärben oder einen mehlig-weißlichen Belag bekommen. Entferne befallene Blätter regelmäßig, um die Ausbreitung zu verlangsamen.

→ Wie nahezu alle Kohlpflanzen zieht der **Brokkoli** den **Kohlweißling** an. Suche daher ab jetzt regelmäßig die Unterseiten der Blätter nach winzigen, gelben Eiern ab und streife diese vom Blatt. Solltest du Fraßstellen entdecken, sind bereits kleine grüne Raupen an den Pflanzen. Entferne diese, um deine Pflanzen zu schützen.

→ Ab etwa August steht die erste **Brokkoliernte** an. Man erntet, wenn die Blumen noch fest und geschlossen sind. Dann einfach den Kopf zwischen den Blättern am Strunk abschneiden.

→ Tipp: Du kannst den Rest der Brokkolipflanze im Beet stehen lassen. Dann kann es sein, dass sich nach einigen Wochen aus den Blattachseln Sprosse bilden, also kleine Brokkoliröschen, die du dann noch später ernten und genießen kannst.

→ Im Hochsommer bildet der **Dill** essbare Blüten. Wenn du sie abtrocknen lässt, bilden sich Samen, die ebenfalls verzehrt werden können.

SEPTEMBER BIS OKTOBER

→ Deine **Gurkenpflanzen** dürften mittlerweile sehr an Kraft verloren haben. Wenn die letzten Gurken geerntet sind, können die Pflanzen aus dem Beet entfernt werden. Gleiches gilt für die **Brokkolipflanzen**.

→ Du kannst aber weiterhin **Pflücksalate** säen und deinen **Dill** genießen.

SORTENEMPFEHLUNGEN

Pflücksalat	→ **'Red Salad Bowl'** – Rotblättriger Eichblattsalat. → **'Amerikanischer Brauner'** – Eichblattsalat mit grün-roten Blättern. → **'Wallonne'** – Friséesalat mit fein gezackten, grünen Blättern. → **'Maravilla de Verano'** – Grüne Blätter mit leicht rötlichem Rand.
Dill	→ **Dill** – Wird bis zu 120 cm hoch und kann eng in der Reihe gesät werden. → **Kümmel** – Alternativ zu Dill eignet sich Kümmel als Beetbegleiter. Wächst wie Dill, es werden die ausgereiften Samen als Gewürz verwendet.
Brokkoli	→ **'Calabrese Natalino'** – Sehr traditionelle Sorte mit zahlreichen Seitensprossen nach der Haupternte. Sowohl für Frühsommer- als auch Herbstanbau geeignet. → **'Calinaro'** – Kleinere Pflanze mit schneller Entwicklungszeit von etwa 50 Tagen.
Gurken	→ **'Picolino F1'** – Snackgurke mit sehr hohem Ertrag. Sowohl für Freiland als auch im geschützten Anbau gut geeignet. Dunkelgrüne, saftige Früchte mit 10–12 cm Länge. → **'Tanja'** – Landgurke, die gut im Freiland wächst und nicht bitter wird. Dunkelgrüne Früchte mit einer Länge von bis zu 25 cm. → **'Cleopha'** – Starkwüchsige Schlangengurke mit bis zu 30 cm langen Früchten. Glatte Schale, die sehr gut essbar ist. Eher für den geschützten Anbau im Gewächshaus geeignet. → **'Vorgebirgstrauben'** – Einlegegurke mit vielen Früchten, die klein geerntet am leckersten sind.

BEETPLAN

BEERENSTARK

Die Erdbeeren dürfen in diesem Beet mehrere Jahre wachsen. Ab dem zweiten Standjahr tragen sie umso mehr. Im ersten Jahr pflanzt du diesen Beetplan, und im zweiten Jahr kannst du die Erdbeeren mit anderen Gemüse- oder Kräuterarten kombinieren.

	Voranzucht	Direktsaat	Freilandpflanzung	Pflanzabstand
Erdbeeren	-	-	März bis Mai o. Juli bis September	25–30 cm
Physalis	März bis April	-	Mitte Mai	50 cm
Knoblauch	-	-	März bis April o. September bis Oktober	10 cm, 4–5 cm tief
Spinat	-	März bis April o. Aug. bis Okt.	März bis April o. August bis Oktober	dicht, etwa 1 cm tief

DEIN ZEITAUFWAND

→ **Gießen** – am Anfang mehr, dann nur noch bei Bedarf

→ **Düngen** – Erdbeeren und Physalis bekommen beim Pflanzen einen Langzeitdünger, im Juli wird nochmal gedüngt

→ **Hacken** – regelmäßig die oberste Erdschicht lockern, damit die Pflanzen Wasser und Luft gut aufnehmen können

MÄRZ UND APRIL

→ Besorge dir kräftige **Erdbeerpflanzen**, damit du gleich im ersten Jahr ernten kannst. Am besten eignen sich immertragende Sorten, an denen den ganzen Sommer lang Früchte wachsen.

→ Alle Neupflanzungen und Aussaaten mit einem feinen Wasserstrahl gut **durchfeuchten**.

MAI

→ Den ersten **Spinat** kannst du bereits ernten. Ernte die äußeren Blätter, dann wächst die Pflanze vom Herz heraus weiter.

→ **Physalis** wird nach den Eisheiligen ab Mitte Mai ausgepflanzt, wenn keine Nachtfröste mehr angekündigt sind. Physalis gehört zu den Starkzehrern. Gib etwas **Langzeitdünger** mit in die Pflanzlöcher. Vermische dazu die Erde mit dem Dünger, damit die Wurzeln nicht direkt darauf stehen.

→ **Nach dem Einpflanzen gut angießen!**

→ <u>Tipp:</u> In gut sortierten Gärtnereien gibt es vorgezogene Physalispflanzen zu kaufen. Es wird unterschieden zwischen den kleineren Ananaskirschen und den größeren Andenbeeren, auch Kapstachelbeeren genannt.

JUNI

→ Die ersten **Erdbeeren** wachsen und reifen, je nach Sorte, bereits aus. Damit die Früchte nicht matschig werden, legst du etwas Stroh unter die Pflanzen.

JULI UND AUGUST

→ Im Frühjahr gesetzte **Knoblauchzehen** können ab Juli bis August geerntet werden. Du erkennst die Erntereife, wenn das Laub beginnt zu vertrocknen und abknickt.

→ Tipp: Frühjahrsknoblauch ist kleiner als im Herbst gesetzter Knoblauch. Wenn du dein Beet also im Herbst starten möchtest, steckst du Knoblauch von September bis Oktober, und die Erdbeerpflanzen setzt du Anfang August. Übrigens kannst du dann nochmal Spinat säen. Herbstknoblauch erntest du im Juni des darauffolgenden Jahres.

→ Die **Erdbeerpflanzen** bilden im Sommer sogenannte Kindel. Das sind Tochterpflanzen, die an langen Trieben aus der Mutterpflanze entstehen. Schneide diese ab, damit die Hauptpflanze nicht an Kraft verliert. Wenn du Platz in anderen Beeten oder Töpfen hast, kannst du kräftige Kindel in Erde pflanzen und damit deine Erdbeerpflanzen ganz einfach vermehren.

→ Deine **Physalispflanzen** dürften mittlerweile schon sehr groß sein. Du kannst ab etwa Mitte Juli die ersten Früchte genießen. Sie sind reif, wenn die Lampionhülle abgetrocknet ist und die Beeren darin, je nach Sorte, gelborange bis dunkelorange verfärbt sind. Oft fallen die Lampions von alleine ab und können dann einfach aufgesammelt werden.

AUGUST BIS OKTOBER

→ Genieße die leckeren Früchte der **Physalis** so lange, bis es zu kalt für sie wird. Spätestens AnfangAugust solltest du neue Triebe und Blütenansätze abschneiden, damit die Pflanze ihre Kraft in bereits vorhandene Früchte stecken kann.

→ Tipp: Erdbeeren im Winter mit Laub oder Stroh abdecken, damit sie keinen Frostschaden nehmen.

TIPP

Was kannst du im Folgejahr pflanzen? Erdbeeren vertragen sich gut mit Kräutern wie Schnittlauch, Petersilie, Rucola und Borretsch, aber auch mit Salat, Lauch, Zwiebeln, Bohnen, Rettich und Radieschen.

Die Früchte der Physalis 'Schönbrunner Gold' sind saftig und süß.

Erdbeeren dürfen im Naschgarten nicht fehlen!

SORTENEMPFEHLUNGEN

Erdbeeren	→ **'Mara de Bois'** – Sehr beliebte Sorte aus Frankreich. Aromatisch duftende Erdbeersorte mit tollem Geschmack, der an Walderdbeeren erinnert. → **'Ostara'** – Eine der bekanntesten, immertragenden Erdbeersorten. Sie trägt eher kleinere Beeren mit sehr schmackhaftem Aroma. Erntezeit von Juli bis Oktober.
Physalis	→ **'Schönbrunner Gold'** – Recht große, dunkel-goldgelbe Früchte mit süß-säuerlichem Geschmack. Gut ertragreich. Die Pflanzen sollten gestützt und Äste aufgebunden werden.
Spinat	→ **'Winterriesen'** – Großblättrige, mittelfrühe Sorte mit aromatischem Geschmack. Sehr gut für den Herbstanbau geeignet. → **'Erste Ernte'** – Schnell wachsende Sorte, die gut für den frühen Anbau und für die Überwinterung geeignet ist.
Knoblauch	→ **'Flavor'** – Weißer Frühjahrsknoblauch mit eher schmalen Zehen. → **'Germidour'** – Violettweiße Knollen mit rosa Zehen, die einen feinwürzigen und milden Geschmack haben. Gute Haltbarkeit. → **Elefantenknoblauch** – Besondere Sorte mit extra großen Knollen und bis zu 1,50 m hohem Laub.

BEETPLAN

NASCH-KASTEN

Der Naschkasten ist ein Schönwetterbeet, mit dem du von April bis Oktober gärtnerst. Im Sommer ist Erntezeit, und du kannst dich über jede Menge Früchte und Kräuter freuen.

	Voranzucht	Direktsaat	Freilandpflanzung	Pflanzabstand
Tomate	März bis Mai	-	ab Mitte Mai	30–50 cm innerhalb der Reihe*
Paprika / Chili	Februar bis April	-	ab Mitte Mai	30–50 cm innerhalb der Reihe*
Erbsen	März bis April	März bis Mai	März bis Mai	3–5 cm, 1 cm tief
Rucola	Februar bis Sept.	März bis Sept.	März bis Sept.	locker in der Reihe säen
Basilikum	ab April	ab Mai	ab Mitte Mai	locker in der Reihe säen

* **Reihenabstand:** 60–70 cm

DEIN ZEITAUFWAND

→ **Gießen** – am Anfang mehr, dann nur noch bei Bedarf

→ **Düngen** – Tomaten und Paprika bekommen beim Pflanzen einen Langzeitdünger, im Juli wird nochmal gedüngt

→ **Hacken** – regelmäßig die oberste Erdschicht lockern, damit die Pflanzen Wasser und Luft aufnehmen können

APRIL

→ Zur **Vorbereitung** sollte dein Beet mit nährstoffreicher, lockerer Pflanzenerde gefüllt sein. Harke die obere Schicht und entferne Unkräuter.

→ Tipp: Die Rille zum Aussäen mit einem Pikierstab ziehen oder mit der Handkante ins Beet drücken.

→ **Basilikum** ist ein Lichtkeimer, daher die Samen mit etwas Sand vermischen, in einer Reihe verteilen und mit der flachen Hand festdrücken.

→ **Rucola** dicht in der Reihe säen und mit etwas Erde abdecken.

→ **Erbsen** können je nach Region schon ab März, besser ab April gesät werden.

→ Alle Aussaaten mit einem feinen Wasserstrahl gut durchfeuchten und dann regelmäßig **gießen**.

MAI

→ Vorgezogene oder gekaufte Pflanzen von **Tomaten** und **Paprika** ab Mitte Mai pflanzen.

→ **Tomaten** und **Paprika** mögen es warm, und es darf keine Nachtfröste mehr geben.

→ **Jungpflanzen** bis zum Auspflanzen an einen geschützten Platz mit möglichst wenig direkter Sonne stellen.

→ Bei **Nachttemperaturen unter 5 °C** die Töpfchen sicherheitshalber ins Haus stellen.

→ **Tomaten** etwas tiefer einpflanzen, als sie im Topf standen, damit sich am Stiel Seitenwurzeln bilden. Ausnahme sind veredelte Pflanzen: Die Veredelungsstelle (erkennbar an einer Verdickung unten an der Pflanze) muss über der Erde bleiben.

→ Eine kleine Handvoll **Langzeitdünger** wie Hornspäne mit in die Pflanzlöcher geben. Mit Erde vermischen, damit die Wurzeln nicht direkt auf dem Dünger stehen.

→ **Nach dem Einpflanzen gut angießen nicht vergessen!**

→ **Erbsenpflanzen** mit einem Rankgerüst oder Bambusstäben stützen, an denen die Pflanzen sich festhalten können.

→ Tipp: Wenn du dir viel Zeit sparen willst, dann besorg dir ab Ende April vorgezogene Tomaten- und Paprikapflanzen.

JUNI

→ Die erste Ernte steht bereits an: **Erbsen** kannst du jung pflücken und je nach Sorte mitsamt der Schale verzehren. Sind die Erbsen in den Schoten gut erkennbar, isst man nur noch die kugeligen Erbsen, die aus der Schale gepult werden.

→ **Rucola** und **Basilikum** erntest du blattweise. Lass das Herz der Rucolapflanzen stehen, dann wachsen neue Blätter nach.

→ **Basilikum** über einer Blattachsel schneiden, dann verzweigen sich die Pflanzen und wachsen buschiger nach.

→ **Tomaten** geizt du ab jetzt regelmäßig aus. Ausgeizen heißt, dass Seitentriebe, die zwischen dem Haupttrieb und einem Blatt herauswachsen, einfach ausgebrochen werden. Das macht man, damit die Pflanze möglichst viel Kraft in die Früchte am Haupttrieb stecken kann.

→ Stütze die **Tomaten**- und **Paprikapflanzen** jetzt mit einem Pflanzstab.

JULI

→ Ab jetzt kannst du **Tomaten** ernten und vielleicht schon, je nach Sorte, die erste **Paprika** oder **Chili**. Genieße sie zusammen mit den frischen Erbsen und den schmackhaften Kräutern.

AUGUST

→ An heißen und trockenen Tagen kräftig **gießen**.

→ Ab etwa Ende August neue Blütenansätze von **Tomaten, Paprika** und **Chili** ausbrechen, da die Früchte vor dem Herbst nicht mehr rechtzeitig ausreifen würden. So können die Pflanzen all ihre Kraft in die Reifung bereits vorhandener Fruchtansätze stecken.

→ **Rucola** und **Basilikum** gehen im Hochsommer in die Blüte. Das ist toll für Insekten, du wirst aber jetzt nur noch wenig ernten können. Um die Erntezeit zu verlängern, entferne einige Pflanzen aus dem Beet und säe nochmal nach wie im April. So kannst du dich auf eine frühe Herbsternte freuen.

SEPTEMBER UND OKTOBER

→ **Ernte** vor ersten Nachtfrösten alle Früchte und entferne kranke oder abgestorbene Pflanzenteile.

→ **Erbsenpflanzen** dürften bereits abgeerntet sein und können aus dem Beet entfernt werden.

→ Tipp: Kranke Pflanzenteile immer über den Hausmüll entsorgen, damit sich Pilzsporen und andere Krankheitserreger nicht über den Bio-Müll weiterverbreiten.

SORTENEMPFEHLUNGEN

Tomaten	→ **'Green Zebra'** – Grün-gelb gestreifte, mittelgroße Früchte. → **'Zuckertraube'** – Relativ große Cherrytomate mit langen Rispen. → **'Ruthje'** – Sehr gut schmeckende Tomate mit mittelgroßen Früchten.
Paprika / Chili	→ **'Yellow California Wonder'** – Gelbe Blockpaprika mit leicht herzförmigen Früchten. → **'Padron'** – Auch als Tapas-Paprika 'Pimientos de Padron' bekannt. → **'Lila Luzi'** – Dekorative Chili mit Früchten von violett über gelb bis orange, Schärfegrad: 7. → **'Habanero Orange'** – Sehr scharfe, fruchtige Chilisorte mit orangefarbenen Früchten, Reifedauer ca. 100 Tage, Schärfegrad: 9–10.
Erbsen	→ Knackerbse **'Record'** – Starkwachsende, sehr beliebte Erbse, bei der die ganzen Hülsen gegessen werden können. Die Hülsen sollten jung gepflückt werden. Wuchshöhe: 180 cm. → Zuckererbse **'Ambrosia'** – Sehr standfeste Sorte, die ohne Rankhilfe auskommt. Wuchshöhe: 70 cm.
Rucola	→ Salatrauke **'Ruca'** – Schnell wachsende Sorte, milder Geschmack. → **Wilde Rauke** – Kräftiges Aroma, kann mehrfach geschnitten werden und ist daher länger im Beet als Salatrauke.
Basilikum	→ Basilikum **'Genoveser'** – Bekannte großblättrige Sorte mit typischem Basilikum-Aroma. → **Rotblättriges Basilikum** – Sehr dekorativ im Beet mit feinem Basilikumgeschmack. → **Thai-Basilikum** – Niedrig wachsend, mit grünen Blättern und violettem Stängel, leicht anisartiger Geschmack.

BEETPLAN

ZWEI SCHWESTERN

Dieses Beet wird dich nur ganz wenig Zeit kosten, denn Bohnen und Zucchini wachsen hier rasant und fast von alleine. Für dieses Beet benötigst du ein selbst gebautes Bohnen-Tipi. Das Anlegen kostet dich einmalig eine halbe Stunde, danach musst du nur noch gießen und darfst ausgiebig ernten.

	Voranzucht	Direktsaat	Freilandpflanzung	Pflanzabstand
Stangenbohnen	Februar bis April	April bis Ende Juni	Mai bis Ende Juni	4–5 cm
Zucchini	April bis Mai	Mai bis Juni	Mitte Mai bis Ende Juni	50–100 cm

Beet-Maße: 200 x 100 cm

DEIN ZEITAUFWAND

→ **Gießen und ernten** – Pflicht und Kür in einem Beet

APRIL BIS MAI

→ **Zucchini** sollte möglichst als vorgezogene Pflanze Mitte Mai ins Beet. Die Direktsaat kann gut funktionieren, du sparst dir aber viel Zeit mit vorgezogenen Pflanzen.

→ Für die **Bohnen** baust du vor der Direktsaat zwei Tipis aus langen Holz- oder Bambusstäben, an denen sie hochranken können. Stecke jeweils drei Bohnensamen um jeden Holzstab einige Zentimeter tief in die Erde.

→ **Schnecken** lieben junge Bohnenpflanzen. Achte also darauf, dass die Plagegeister die Bohnenpflanzen nicht wegfuttern. Sollte das doch passieren, säe direkt wieder nach oder ziehe die Bohnen in kleinen Töpfen vor. Eingepflanzt werden sie, wenn sie etwa 10 cm groß sind.

DIY

BOHNEN-TIPI IM HOCHBEET

Deine Bohnen wollen hoch hinaus – so baust du ihnen zwei stabile Tipis als Rankgerüste.

01 Du benötigst sechs lange Äste oder Bambusstäbe (mindestens 2 m lang) und Schnur oder Draht.

02 Stecke pro Tipi jeweils drei Stäbe mit einem Abstand von ca. 30 cm in die Erde, sodass eine Dreiecksform gebildet wird.

03 Binde mit Schnur oder Draht die Hölzer oben zusammen. Es entsteht ein Tipi, eine Art Zeltgerüst, an welchem die Bohnen emporklettern können.

JULI BIS SEPTEMBER

→ **Bohnen** und **Zucchini** wachsen wirklich rasant, und es macht Spaß, das Beet zu beobachten.

→ Schau regelmäßig nach, ob die Pflanzen **Krankheitsanzeichen** aufweisen. Du erkennst das zumeist an weißlichen oder braunen Flecken. Entferne befallene Blätter sofort.

→ **Zucchini** erntest du möglichst regelmäßig, wenn die Früchte, je nach Sorte, 20–25 cm lang sind. Je kleiner, desto zarter ist das Gemüse.

→ **Bohnen** sind je nach Sorte ab Juli erntereif und können dann fortlaufend bis in den frühen Herbst geerntet werden.

→ Tipp: Du kannst verschiedene Bohnensorten in einem Beet kombinieren. Das sieht optisch toll aus, und du erntest eine köstliche Vielfalt.

JUNI

→ Die **Bohnen** beginnen, am Tipi hochzuranken. Hilf ihnen bei Bedarf etwas, den richtigen Weg zu finden, und wickele ihre Ranken um die Holzstangen.

→ Die **Zucchini** brauchen regelmäßig Wasser, vor allem, wenn es sehr heiß ist. Ab Ende Juni kannst du die ersten Früchte ernten.

→ Tipp: Die Früchte wachsen nur an den weiblichen Blüten. Männliche Blüten haben einen langen, dünnen Stiel. Die Blüten – männliche genauso wie weibliche mit Fruchtansatz – sind übrigens essbar und schmecken, gefüllt mit Gemüse und im Ofen gegart, köstlich.

HAST DU'S GEWUSST?

Bei Stangenbohnen unterscheidet man zwischen Auskernbohnen und solchen, bei denen die Hülsen gegessen werden.

AUSKERNBOHNEN

Bei diesen Sorten lässt man die Hülsen am Strauch so lange reifen, bis sie eintrocknen. Die getrockneten Bohnenkerne werden vor der Verwendung in der Küche eingeweicht und schließlich gekocht.

HÜLSENBOHNEN

Diese Sorten werden geerntet, wenn sich die Kerne ganz leicht in der Hülse abzeichnen. Warte mit der Ernte bei diesen Sorten nicht zu lange, da die Hülsen sonst faserig werden. Sie können frisch nur wenige Tage gelagert werden, eignen sich aber sehr gut zum Einfrieren oder Einkochen.

SORTENEMPFEHLUNGEN

Stangen-bohnen	→ **'Neckargold'** – Ertragreiche Sorte mit gelben, langen Hülsen. → **'Brunhilde'** – Lange, blauviolette Hülsen, die beim Kochen grün werden. → **'Preisgewinner'** – Auskernbohne mit grünen Hülsen und violett-schwarz gesprenkelten Kernen.
Zucchini	→ **'Black Beauty'** – Mittelfrühe, reichtragende Sorte. Die Früchte sind länglich und kräftig grün. → **'Costates Romanesco'** – Optisch sehr schöne Sorte, die grüne Früchte mit gelben, leicht erhabenen Längsstreifen trägt.

BEETPLAN

KRÄUTER-KASTEN

Die beste Zeit, um mit diesem Beet zu starten, ist April bis Mai, wenn die Temperaturen langsam steigen und die Nachtfröste vorbei sind. Sorge für ein gut vorbereitetes Beet mit lockerer Erde. Manche Kräuter können im Laufe der Zeit recht groß werden, daher setze nicht zu viele Pflanzen ins Beet.

	Voranzucht	Freiland-pflanzung
Lavendel	ab Februar	ab Mai
Zitronenverbene	ab Februar	ab Mitte Mai
Zitronengras	ab Januar	ab Mitte Mai

	Voranzucht	Freiland-pflanzung
Thymian	ab Mitte März	ab Mai
Olivenkraut	ab März	ab Mai
Currykraut	ab Januar	ab Mai

Pflanzabstand: alle Kräuter etwa 25–30 cm

Beet-Maße: 200 x 100 cm

DEIN ZEITAUFWAND

→ **Gießen** – moderat, da viele der Kräuter trocken-tolerant sind

→ **Schneiden** – zum Ernten und als pflegender Rück-schnitt, besonders bei den verholzenden Kräutern

MAI

→ Im Wonnemonat wird der Kräuterkasten bepflanzt. Dazu einfach die Kräuter mit den entsprechenden Abständen im Beet **einpflanzen**. Gut angießen und in den nächsten Wochen regelmäßig gießen, bis die Kräuter eingewachsen sind.

→ Tipp: Kaufe lieber direkt kräftige Pflanzen anstatt die Kräuter aus Samen zu ziehen. So kannst du gleich im Pflanzjahr ordentlich ernten.

JUNI BIS JULI

→ Viele Kräuter bilden im Juli Blüten, die von **Insekten** liebend gerne angeflogen werden.

→ Du kannst die Kräuter regelmäßig **ernten**, indem du Blätter oder Stängel nach Bedarf abschneidest.

→ Vom **Zitronengras** kannst du entweder Stücke des Laubs abschneiden oder ganze Stängel ernten.

→ **Gieße** in trockenen Phasen regelmäßig, aber keinesfalls zu viel, damit die Wurzeln nicht im Wasser stehen.

→ Tipp: Du willst nicht nur Kräuter in diesem Beet haben? Dann pflanze eine Erdbeere, eine kompakt wachsende Balkonhimbeere oder eine Snackgurke dazu.

AUGUST BIS OKTOBER

→ **Vertrocknete Blütenstände** kannst du abschneiden, allerdings nicht ins Holz schneiden.

→ Auch jetzt kannst du noch regelmäßig **ernten**.

→ Vor den ersten Nachtfrösten gräbst du **Zitronenverbene** und **Zitronengras** aus und topfst sie in Kübel um, die du im Haus überwinterst.

NOVEMBER BIS MÄRZ

→ Die anderen Kräuter verbleiben im Beet und werden mit **Laub** oder **Reisig** vor Frost geschützt.

→ Vergiss nicht, regelmäßig zu prüfen, ob die Erde feucht genug ist. Auch im Winter können Pflanzen vertrocknen, wenn man aufs **Gießen** verzichtet.

APRIL BIS MAI

→ Im darauffolgenden Frühjahr erfolgt ein **Rückschnitt** der Kräuter. Schneide **Lavendel, Thymian, Oliven-** und **Currykraut** bis kurz vors Holz. Schneidest du zu tief, wächst kein neuer Trieb mehr nach. Am besten schaust du, wo noch grüne Blättchen zu sehen sind, und schneidest darüber ab.

→ Im Mai kannst du die überwinterten **Zitronenverbene** und **Zitronengras** wieder ins Beet pflanzen.

→ Tipp: Der Frühjahrsschnitt ist wichtig, damit die Pflanzen nicht von innen heraus verkahlen. So bleiben sie kompakt und treiben wieder frisch aus. Bitte erst dann schneiden, wenn keine tiefen Fröste mehr zu erwarten sind.

SORTENEMPFEHLUNGEN

Lavendel	→ **Echter Lavendel** – Wächst kompakt und ist besonders winterhart. → **'Hidcote Blue'** – Dunkelviolette Blüten mit starkem Duft.
Zitronen-verbene	→ **'Freshman'** – Zitroniger Duft, hervorragend für Tee und Limonade geeignet.
Zitronen-gras	→ **Ostindisches Zitronengras** – Intensiver Duft zum Aromatisieren von Cocktails oder Suppen, bekannt aus der asiatischen Küche.
Thymian	→ **Zitronenthymian** – Feines Zitronen-Aroma vereint mit dem köstlichen Duft des Thymians. Sowohl für süße Getränke als auch für herzhafte Grillgerichte geeignet. → **Kümmelthymian** – Würzkraut mit pikantem Kümmel-Aroma. Gut geeignet zu Grillgerichten und in Kräuterdips.
Curry-kraut	→ **Currykraut** – Wie der Name sagt, mit typischem Curry-Aroma, das zum Aromatisieren von verschiedenen Gerichten hervorragend geeignet ist.
Oliven-kraut	→ **Olivenkraut** – Intensiver Duft nach Oliven. Gut geeignet für Dips und Kräuterquark.

DIY

KRÄUTER ÜBERWINTERN

Nicht alle Kräuter überwintern gut im Freien. Besonders wärmeliebende Arten sind nicht frosthart. Damit du aber dennoch lange Freude an ihnen hast, kannst du sie überwintern.

01 Pflanze mitsamt Wurzelballen im Herbst vorsichtig ausgraben. Je weniger Wurzeln verletzt werden, desto weniger Stress hat die Pflanze.

02 Kräuterpflanzen in einen entsprechend großen Kübel mit Pflanzenerde umtopfen und gut angießen. Die Erde muss nicht gedüngt sein. Du kannst auch eine Mischung aus Erde und Sand verwenden.

03 Topf an einem hellen und frostfreien Platz überwintern. Optimal sind Temperaturen zwischen 5 und 10°C.

04 Moderat, aber regelmäßig gießen, damit die Pflanzen nicht vertrocknen.

05 Vor dem Auspflanzen im Frühjahr die Kräuter langsam an das Klima im Freien gewöhnen und anfangs vor direkter Sonne schützen.

BEETPLAN

ERNTE GUT, ALLES GUT!

Ernten von Frühjahr bis Herbst, das ist die Idee, die hinter diesem Beetplan steckt. Es sind Gemüsearten dabei, die schnell wachsen, die nachgesät werden können, und solche, die eine reiche Ernte bringen.

	Voranzucht	Direktsaat	Freilandpflanzung	Pflanzabstand
Kürbis	April bis Mai	Mai bis Juni	Mitte Mai bis Ende Juni	70–100 cm
Rote Bete	März bis Mai	April bis Juli	April bis Juli	5–8 cm innerhalb der Reihe*
Kopfsalat	Februar bis Juli	April bis Juni	März bis August	25 cm
Radieschen	–	Feb bis Sept	Februar bis September	2–3 cm innerhalb der Reihe*
Buschbohnen	Mai bis Juli	Mai bis Juli	Mai bis Juli	8–10 cm innerhalb der Reihe*

* **Reihenabstand:** Rote Bete: 30 cm; Radieschen: 10 cm; Buschbohnen: 30–40 cm

Beet-Maße: 200 × 100 cm

DEIN ZEITAUFWAND

→ **Gießen** – vor allem der Kürbis ist durstig

→ **Ernten** – von Frühjahr bis Herbst

FEBRUAR BIS MÄRZ

→ Das Beet sollte mit nährstoffreicher Erde **vorbereitet** sein. Damit der Kürbis ausgiebig ranken kann, macht es Sinn, wenn du neben dem Beet an einer Seite viel Platz hast.

→ Sobald die Erde frostfrei ist, kannst du **Radieschen** säen und die ersten **Salate** pflanzen. In frostigen Nächten deckst du das Beet mit einem Vlies ab oder schützt es mit einem Frühbeetaufsatz.

APRIL BIS MAI

→ Früh gesäte **Radieschen** können schon geerntet werden, und du kannst direkt nachsäen.

→ Ins Beet werden nun auch **Rote Beten** gesät.

→ **Kürbis** wird als vorgezogene Pflanze nach den Eisheiligen Mitte Mai gepflanzt.

→ **Buschbohnen** kommen ebenfalls ab Mai ins Beet. Du kannst säen oder, falls du Probleme mit Schnecken hast, vorgezogene Pflanzen setzen.

→ Suche dein Beet regelmäßig nach **Schnecken** und **Raupen** ab.

→ Tipp: Säe ein paar Bohnenkerne zusätzlich, um bei möglichem Schneckenfraß mehr Pflanzen im Beet zu haben, die von den gefräßigen Gartenbewohnern verschont bleiben.

JUNI

→ Sobald die Temperaturen steigen, wird der **Kürbis** schnell beginnen zu wachsen. Er bildet große Blätter und lange Ranken, die gut über den Hochbeetrand hinauswachsen können. Wenn dir die Pflanzen zu groß werden, dann schneide die Triebe nach einer gut entwickelten Frucht ab.

→ In den Sommermonaten kann am Kürbis **Echter Mehltau** auftreten. Du erkennst ihn an weißlichen Flecken auf den Blättern. Schneide befallene Blätter möglichst sofort ab und entsorge sie im Hausmüll. Das verzögert die Ausbreitung der Pilzerkrankung.

→ **Salat, Radieschen** und die ersten **Rote-Bete-Knollen** können ab Juni geerntet werden. Du kannst diese Gemüse jetzt noch gut nachsäen oder vorgezogene Jungpflanzen in freie Lücken setzen.

JULI BIS SEPTEMBER

→ Die **Bohnenernte** steht an. Pflücke regelmäßig, dann wachsen wieder neue Bohnen nach.

→ **Kürbisse** erntest du erst, wenn der Strunk abgetrocknet ist.

→ **Mehltau** breitet sich in der feuchtwarmen Sommerwärme schnell aus. Kontrolliere deine **Kürbispflanzen** und entferne befallene Pflanzenteile direkt. Hier ist zügiges Handeln erforderlich.

→ Tipp: Gegen Mehltau hilft eine schnelle Behandlung mit einer **Milch-Wasser-Lösung** (Verhältnis 1:9). Die Mischung sprühst du bei den ersten Anzeichen von Mehltau über die Pflanze, insbesondere über befallene Teile, und wiederholst das alle zwei bis drei Tage.

SORTENEMPFEHLUNGEN

Kürbis	→ Hokkaido **'Red Kuri'** – Orangefarbene Früchte mit sehr schmackhaftem Fleisch. Die Schale wird mitgegessen, daher ist der Hokkaido sehr beliebt in der Küche. → **'Muscat de Provence'** – Optisch sehr schöne Sorte mit flachen, gerippten Früchten, die reif einen gelbgrauen Schimmer bekommen. Das Fruchtfleisch ist orangerot. Hier wird die Schale nicht mitgegessen.
Rote Bete	→ **'Burpees Golden'** – Gelbe Bete mit orangefarbener Schale. Die Knollen sind etwas süßer als die der klassischen Roten Bete. → **'Gesche'** – Dunkelrote Sorte mit gutem, angenehm süßlichem Geschmack. Sehr gut lagerfähig.
Kopfsalat	→ **'Maikönig'** – Gut geeignet für den frühen Anbau. Mittelgroße Köpfe mit dezenter Rotfärbung an den Blattspitzen. → **'Augspurger'** – Frühe Sorte, die keinen richtigen Kopf bildet, sondern dicht stehende Blätter, die beim Schnitt gut zerfallen.
Radieschen	→ **'Rudi'** – Rotes, rundes Radieschen, das lange fest und zart bleibt, selbst wenn die Knollen etwas größer werden. → **'Eiszapfen'** – Weiße, längliche Wurzeln, mit mildem, angenehm würzigem Geschmack.
Buschbohnen	→ **'Saxa'** – Alte Sorte mit mittellangen Hülsen. Gut geeignet für raue Lagen. → **'Marona'** – Frühe Sorte mit langen Hülsen und hohem Ertrag.

BEETPLAN

WINTER-GLÜCK

Für dein Winterglück legst du bereits im Juni richtig los. Das Beet kannst du bis dahin anderweitig mit frühem Gemüse nutzen. Bereite es anschließend mit nährstoffreicher Erde auf, denn der Grünkohl braucht viel Energie, um für den Winter groß und stark zu werden.

	Voranzucht	Direktsaat	Freilandpflanzung	Pflanzabstand
Grün- / Federkohl	Mai bis Juni	Juni	Juni bis Juli	40–60 cm
Feldsalat	Sept. bis Januar	Juli bis Sept.	Juli bis Sept.	locker in der Reihe*
Winterlauch	März bis April	April bis Juli	April bis Juli	15–20 cm innerhalb der Reihe*
Endivien	Mai bis Juni	Juni bis Juli	Juni bis Juli	30 cm

* **Reihenabstand:** Feldsalat: 20–25 cm; Winterlauch: 30 cm

Beet-Maße: 200 x 100 cm

DEIN ZEITAUFWAND

→ **Gießen** – moderat, da ab Herbst durch geringere Temperaturen die Verdunstung geringer ist

→ **Schädlinge abwehren** – Schnecken lieben Jungpflanzen, und Kohlweißlinge legen bevorzugt ihre Eier auf Kohlpflanzen ab

JUNI BIS JULI

→ Wenn du **Grünkohl** selber säen willst, dann zieh ihn im Juni in kleinen Töpfen vor. Es gibt aber auch im Juli in vielen Gärtnereien gut vorgezogene Jungpflanzen.

→ Die Jungpflanzen von **Grün- und Federkohl**, **Lauch** und **Endivien** kommen jetzt ins Beet.

→ **Feldsalat** wird in der Reihe locker gesät.

→ Tipp: Wenn du nur eine halbe Reihe Feldsalat säst und ein bis zwei Wochen später die andere Reihenhälfte, kannst du zeitversetzt ernten.

AUGUST

→ Im August kann es sehr heiß werden. Dann solltest du **regelmäßig gießen**.

→ Den ersten **Feldsalat** kannst du bereits ernten und direkt nachsäen.

SEPTEMBER BIS OKTOBER

→ Haben die Blätter deiner **Kohlpflanzen** Löcher? Dann such vor allem die Außenseiten schnell nach **Raupen des Kohlweißlings** ab. Gegen diesen Schädling hilft nur manuelles Absuchen oder das rechtzeitige Abdecken des Beetes mit einem Vlies oder engmaschigen Netz.

→ Wenn der **Lauch** etwas an Größe und Dicke zugelegt hat, schiebst du die Erde rechts und links an den Schäften hoch und bildest so einen kleinen Wall. Dadurch erhältst du bei der späteren Ernte längere, weiße Stangen.

NOVEMBER BIS FEBRUAR

→ Die Arten sind **frosthart**, du musst dir also keine Gedanken um eine Überdachung machen. Bei lang anhaltenden, tiefen Frösten empfiehlt es sich, ein **Vlies** über das Beet zu legen.

→ **Geerntet** wird immer blattweise, beim **Grünkohl** von unten nach oben, wenn du nicht die gesamte Ernte auf einmal verarbeiten möchtest.

→ Die **Endivien** kannst du ernten, wenn die Köpfe eine gute Größe erreicht haben. Damit die Blätter zarter sind, deckst du die Endivien etwa eine Woche vor der Ernte mit einem Topf ab und entziehst der Pflanze damit Licht. Das bleicht den Salat und lässt ihn zarter werden.

→ Tipp: Ernte nicht, wenn die Blätter gefroren sind. Warte so lange, bis die Temperaturen tagsüber etwas ansteigen und das Gemüse auftaut.

SORTENEMPFEHLUNGEN

Grün- und Federkohl	→ **'Halbhoher Grüner Krauser'** – Dicke, fein gekrauste Blätter. Mittelhohe Grünkohlsorte bis 70 cm. → **'Westländer Winter'** – Bis 100 cm hohe, sehr frostharte Pflanzen. Nach den ersten Frösten werden die sonst herben Blätter angenehm süß und aromatisch. → **'Roter Krauser'** – Federkohl mit lila-roten Blättern, die etwas gröber gefiedert sind als beim klassischen Grünkohl; Wuchshöhe 50–70 cm. → **'Ostfriesische Palme'** – Grüne Grünkohlsorte mit einer Wuchshöhe bis 180 cm.
Feldsalat	→ **'Elan'** – Schnell und kompakt wachsende Sorte. Besser für den späteren Anbau geeignet. Resistent gegen Falschen Mehltau. → **'Vit'** – Dunkelgrüne Blattrosetten. Robust gegen Falschen Mehltau.
Lauch	→ **'Siegfried'** – Langsam wachsende Sorte mit mittelgrünen Blättern. Gut frosthart. → **'Blaugrüner Winter'** – Dunkelgrüne Blätter mit reinweißen, langen Schäften. Ausgesprochen winterhart.
Endivien	→ **'Wallonne'** – Krause Endivie mit großen Köpfen, die sich auch ohne Abdeckung gut selbst bleichen. → **'Breedblad'** – Gut geeignet für den Sommer- und Herbstanbau. Volle Köpfe mit frischgrüner Farbe und gelbem Herz.

MISCHKULTUR UND FRUCHTFOLGE

Gesunde Pflanzen wachsen schneller und vor allem pflegeleichter, damit auch zeitsparender. Damit das gelingt, sind Mischkultur und Fruchtfolge wichtige Aspekte im Nutzgarten. Ein kleiner Überblick soll dir dabei helfen, deinen Garten möglichst gesund und ertragreich zu halten.

MISCHKULTUR

Unter Mischkultur versteht man vereinfacht gesagt eine Mischung aus verschiedenen Arten und Sorten, die sich in ihrem Wachstum positiv beeinflussen. Sei es durch bestimmte Gerüche, die andere Arten vor Schädlingen schützen, durch eine optimale Platzausnutzung oder bodenverbessernde Eigenschaften.

Halte dich aber jetzt nicht mit Dutzenden Regeln oder Kombinationen etlicher Pflanzenarten auf. In der Übersicht der guten und schlechten Beetnachbarn (S. 94) kannst du dich schnell orientieren, welche Pflanzen gut zusammenpassen und welche eher nicht. Neutrale Beetnachbarn, wie Pflücksalate, sind optimale Zwischenpflanzen, die deine Beetplanung sehr gut ergänzen.

DAS SPART ZEIT!

Nimm dir ein Notizbuch und schreib auf, was im Beet wächst. Dann weißt du auf einen Blick, was du als Nächstes pflanzen kannst.

5 TIPPS

01 Kombiniere Pflanzen unterschiedlicher Pflanzenfamilien anstatt mehrere Gattungen aus einer Familie.

02 Pflanze optimale Kombinationen wie Zwiebeln und Möhren, Bohnen und Bohnenkraut oder Erdbeeren und Knoblauch.

03 Pflücksalate können fast überall gepflanzt werden und dienen optimal als bodenbedeckende Pflanzen.

04 Zwischen Gemüsepflanzen machen sich Kapuzinerkresse, Ringelblumen und Tagetes gut, da sie Schnecken und Blattläuse anziehen und sie somit vom Gemüse fernhalten.

05 Berücksichtige von Anfang an, wie groß die Pflanzen mal werden und ob sie eher im Wurzelbereich breit wachsen oder nach oben hin groß werden. So findest du gute Kombinationen heraus, wie beispielsweise Kohlrabi und Tomaten.

BALKON-TIPP

Auf dem Balkon pflanzt du oft einzelne Pflanzen in Kübeln. So kann jede Pflanze ihren eigenen Nährstoffbedarf aus dem eigenen Kübel ziehen. Achte aber dennoch auf eine ausgewogene Mischkultur, da die Abstände zwischen Töpfen und Pflanzen oft sehr gering sind und sie sich den gleichen Raum teilen.

FRUCHTFOLGE

Damit der Boden gesund bleibt, pflanzt du am besten so, dass keine nahen Verwandten in einem Beet nacheinander wachsen. Ein Beispiel: Hast du in diesem Jahr Brokkoli im Beet gehabt, sollte im nächsten Jahr an gleicher Stelle kein Rotkohl oder Kohlrabi – allesamt Kohlarten – wachsen. Ein Wechsel von einer zur anderen Pflanzengattung oder -familie sorgt dafür, dass der Boden und damit deine Pflanzen gesund bleiben.

PFLANZENFAMILIEN

→ **Kreuzblütler:** alle Kohlarten, Rettich, Radieschen, Kresse, Mairübe, Rucola, Chinakohl

→ **Doldenblütler:** Möhren, Sellerie, Dill, Petersilie, Fenchel

→ **Korbblütler:** Kopfsalat, Endivien, Schwarzwurzeln, Radicchio

→ **Schmetterlingsblütler:** Erbsen, Bohnen, Dicke Bohnen, Linsen, Edamame

→ **Nachtschattengewächse:** Tomaten, Auberginen, Paprika, Physalis, Kartoffeln

→ **Kürbisgewächse:** Zucchini, Kürbis, Gurken, Melonen

GUTE UND SCHLECHTE BEETNACHBARN

GUTE BEETNACHBARN …

- … beeinflussen positiv ihr Wachstum und damit die Ernte.
- … nutzen die Nährstoffe aus dem Boden optimal.
- … wirken gegenseitig gegen Schädlinge und Krankheiten.
- … wachsen harmonisch zusammen, da Wurzeln und Blätter sich nur wenig in die Quere kommen.

SCHLECHTE BEETNACHBARN …

- … hemmen gegenseitig ihr Wachstum und damit die Ernte.
- … sind erhöht der Gefahr durch Pflanzenkrankheiten und Schädlinge ausgesetzt.

NEUTRALE BEETNACHBARN …

- … beeinflussen sich weder positiv noch negativ.
- … können gut als Ergänzungspflanzen ins Beet.
- … sind vor allem Salate, Kresse, Ringelblumen und Tagetes.

SALATE …

… sind gute Partner und eignen sich optimal als Zwischenpflanzung.

RINGELBLUMEN …

… ziehen Insekten an und lockern den Boden.

TAGETES …

… wirken gegen Nematoden und sind deshalb gute Nachbarn, z. B. für Erdbeeren und Kartoffeln.

Auf der nächsten Seite findest du eine praktische Übersicht mit guten und schlechten Beetnachbarn.

umblättern

ÜBERSICHT: BEETNACHBARN

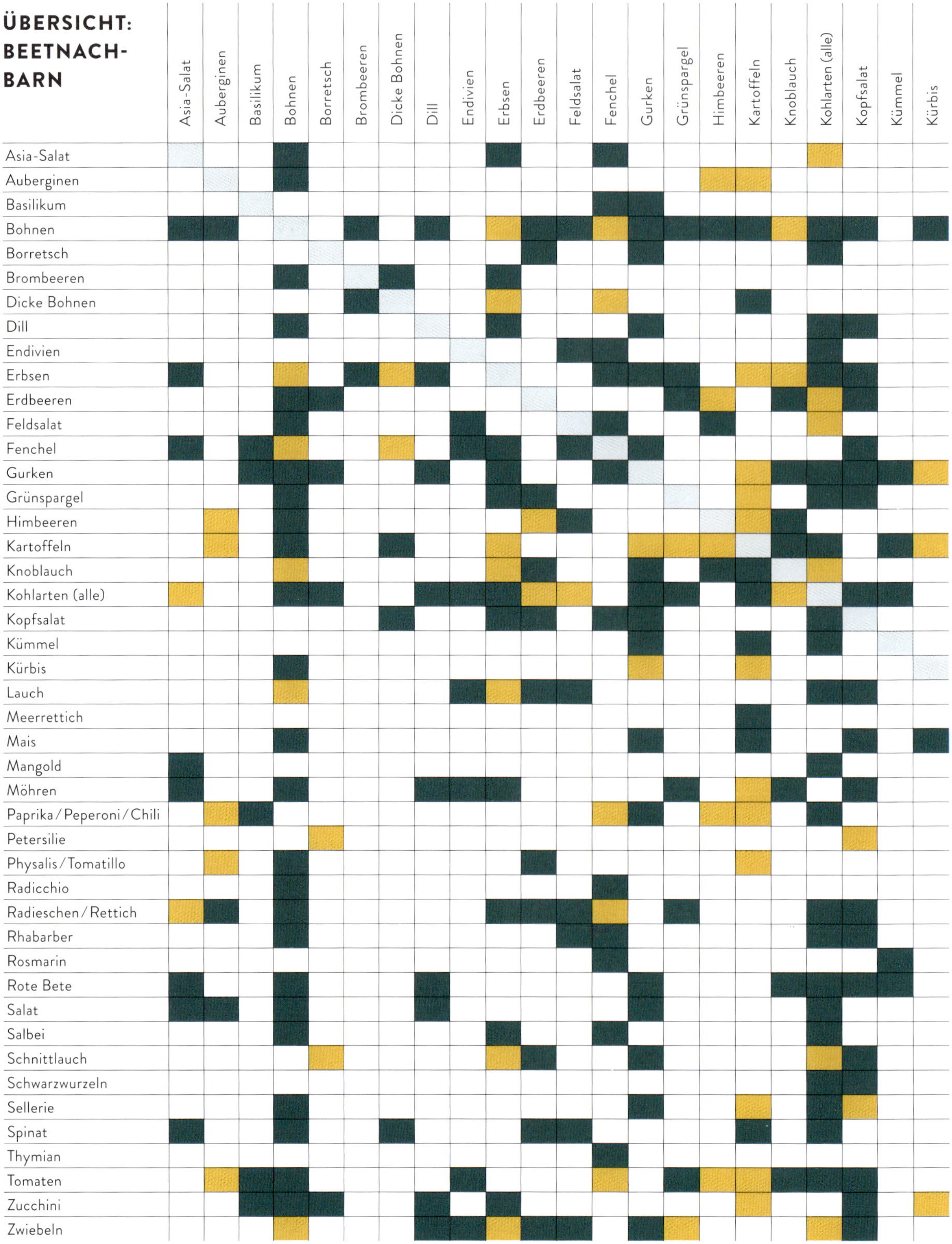

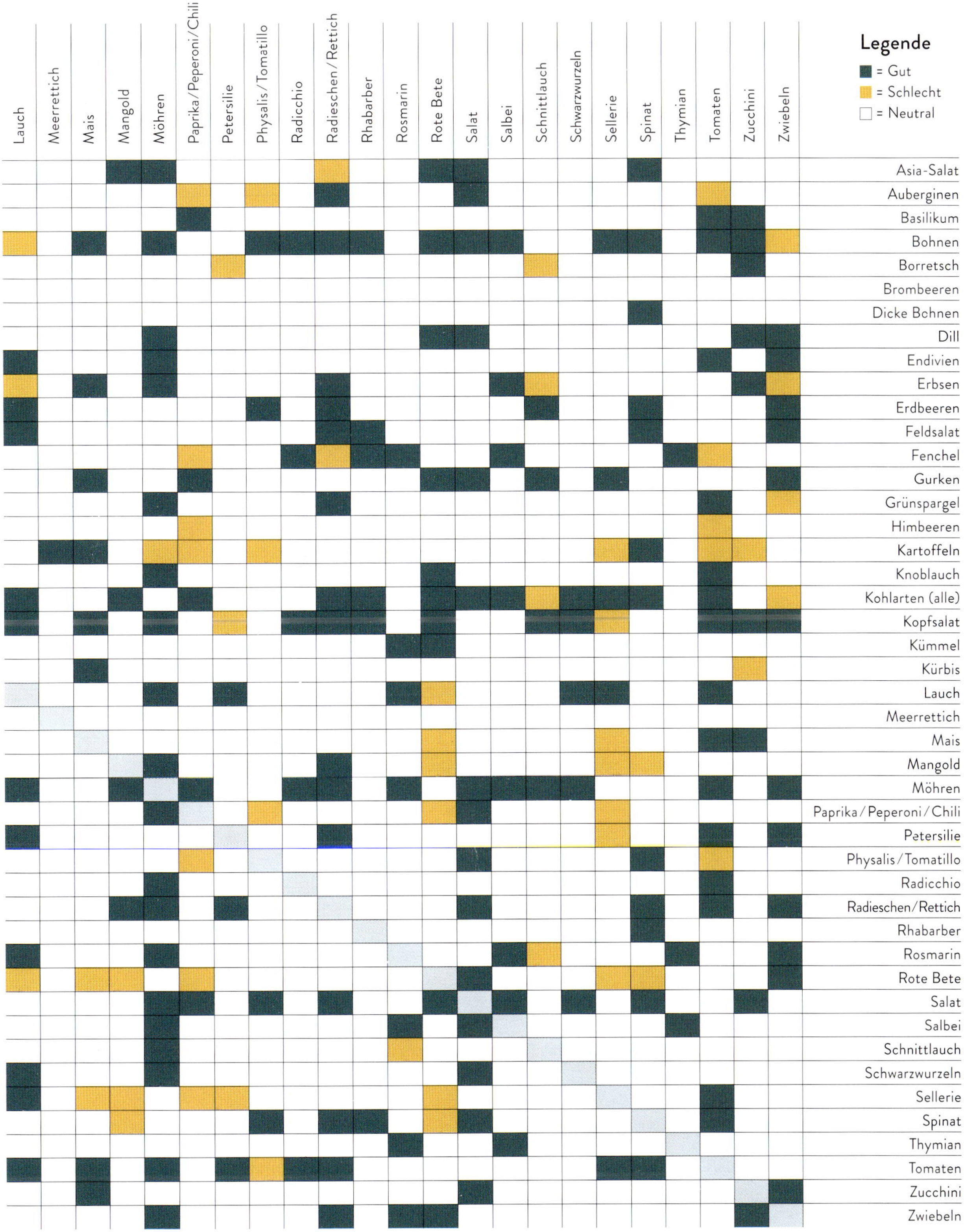
Legende
= Gut
= Schlecht
= Neutral
Lauch
Meerrettich
Mais
Mangold
Möhren
Paprika/Peperoni/Chili
Petersilie
Physalis/Tomatillo
Radicchio
Radieschen/Rettich
Rhabarber
Rosmarin
Rote Bete
Salat
Salbei
Schnittlauch
Schwarzwurzeln
Sellerie
Spinat
Thymian
Tomaten
Zucchini
Zwiebeln
Asia-Salat
Auberginen
Basilikum
Bohnen
Borretsch
Brombeeren
Dicke Bohnen
Dill
Endivien
Erbsen
Erdbeeren
Feldsalat
Fenchel
Gurken
Grünspargel
Himbeeren
Kartoffeln
Knoblauch
Kohlarten (alle)
Kopfsalat
Kümmel
Kürbis
Lauch
Meerrettich
Mais
Mangold
Möhren
Paprika/Peperoni/Chili
Petersilie
Physalis/Tomatillo
Radicchio
Radieschen/Rettich
Rhabarber
Rosmarin
Rote Bete
Salat
Salbei
Schnittlauch
Schwarzwurzeln
Sellerie
Spinat
Thymian
Tomaten
Zucchini
Zwiebeln

KAPITEL 3

Keine ZEIT zum VORZIEHEN

Für mich persönlich gehört das Vorziehen von Jungpflanzen einfach zur Gartensaison dazu. Aber es ist aufwendig, und auch mir fehlt dazu oft die Zeit und der Platz. Wenn es dir genauso geht, dann gebe ich dir auf den nächsten Seiten Tipps, wie du die Anzuchtphase zeitsparend meisterst.

WIE ZIEHE ICH OHNE VIEL AUFWAND VOR?

Bereits ab Januar können wärmeliebende Arten wie Chili und Paprika im Haus, zum Beispiel auf der hellen und warmen Fensterbank, vorgezogen werden. Dann geht es ab Februar bis April weiter mit Auberginen, Physalis, Tomaten, Zucchini und Co.

5 TIPPS ZUR ANZUCHT

Wenn dir einfach die Zeit fehlt, dich über Wochen und Monate um deine Zöglinge zu kümmern, dann helfen dir vielleicht diese Tipps:

01 Ziehe nur deine absoluten Lieblingssorten vor, die du aller Voraussicht nach nicht als Jungpflanze bekommen kannst.

02 Starte erst im April mit einigen Sorten, die schnell und unkompliziert keimen. Das sind Kürbis, Zucchini, Gurken, Physalis und Tomaten.

03 Besorge dir für die Anzucht ein Zimmergewächshaus. Das sorgt für gleichmäßige Temperaturen und Luftfeuchtigkeit für deine Anzuchten im Haus und erleichtert deinen Zöglingen den Start.

04 Säe in Multitopfplatten oder Einzeltöpfen immer nur einzelne Samenkörner. Das erspart dir den Aufwand fürs Pikieren, also das Vereinzeln der Keimlinge.

05 Verwende zur Aussaat von großen Pflanzen, wie Tomate oder Kürbis, etwas größere Töpfe und befülle sie nur zur Hälfte mit Erde. Sobald der Keimling einige Zentimeter groß ist und sich das erste richtige Blattpaar entwickelt hat, füllst du das Töpfchen bis zum Rand kurz unterhalb der ersten Blätter mit frischer Erde auf. Das gibt dem Pflänzchen Kraft, und es kann stärkere Seitenwurzeln bilden.

JUNGPFLANZEN KAUFEN

Es gibt so viele Produzenten, Gärtnereien und lokale Landwirte, die wunderbar vorgezogene Pflanzen anbieten. Diese sind robust, weil Profis sie vom Samenkorn bis zur verkaufsreifen Pflanze großziehen. Sie sind schon gut abgehärtet und können mit wenigen Tagen Akklimatisierung nach dem Kauf ins Freiland.

VOR- & NACHTEILE VON GÄRTNEREI UND INTERNET

	Vorteile	Nachteile
Kauf vor Ort	→ Man kann sich die Pflanzen aussuchen. → kein Versand, kurzer Transportweg → oft günstiger als beim Online-Kauf	→ oft geringere Sortenauswahl → zeitlich begrenztes Angebot
Kauf im Internet	→ Vorbestellungen möglich → Versand optimal zur Pflanzzeit → große Auswahl unterschiedlichster Arten und Sorten	→ Die Pflanzen können nicht vorher begutachtet und ausgesucht werden. → Der Versand ist stressig für die Pflanzen. → Verpackungsmaterial und Transport

TIPP

Pflanzenmärkte, die oft im Frühjahr stattfinden, sowie Pflanzentauschbörsen sind tolle Möglichkeiten, um an verschiedenste Jungpflanzen zu kommen.

OBSTGEHÖLZE UND KRÄUTER

Erdbeerpflanzen, Himbeersträucher, Apfelbäumchen, Thymian oder Rosmarin kaufe ich in der Regel bereits als kräftige Jungpflanzen. Zwar kann man diese aus Samen ziehen oder über Stecklinge vermehren, gesunde und bereits etwas größere Pflanzen bringen aber einen enormen Vorteil. Schließlich will man bei einigen Pflanzen nicht jahrelang warten, bis die erste Ernte ansteht. Beerensträucher und Obstbäume tragen generell mehr Früchte, je älter sie sind. Hier lohnt es sich, etwas mehr zu investieren und gut gewachsene Pflanzen zu kaufen.

UTENSILIEN, DIE DIE ANZUCHT ERLEICHTERN

Für die Anzucht benötigst du einige Utensilien, mit denen du deinen Sämlingen einen guten Start in ihr Leben bereitest. Neben essenziellen Dingen gibt es optionales Zubehör.

FÜR DEN START

Die wichtigsten Utensilien für die Anzucht:

→ Anzuchterde

→ Töpfe oder Multitopfplatten (mit Bewässerungsmatten)

→ Pikierstab

→ Pflanzschilder

→ Saatgut

→ Sprühflasche oder Ballbrause

WENN'S EIN BISSCHEN MEHR SEIN DARF

ERDBALLENPRESSE

Du willst ganz auf Töpfe verzichten? Dann besorg dir eine Erdballenpresse, mit der du ganz einfach deine eigenen Substratballen herstellen kannst. Eng aneinandergestellt lassen sie sich gut bewässern und schließlich direkt einpflanzen. Gut geeignet sind solche Erdballen für Kohl-, Knollen- und Blattgemüse.

PAPIERTOPFPRESSE

Mit einer Papiertopfpresse lassen sich aus alten Zeitungen oder Packpapier stabile Töpfe machen, die, mit Erde befüllt, zur Anzucht verwendet werden können.

PFLANZENLAMPE UND HEIZMATTE

Für die ganz frühe Anzucht im Haus ab Januar ist eine spezielle Pflanzenlampe ratsam. Denn so früh im Jahr ist es noch zu dunkel, und die Tage sind zu kurz für die Anzucht. Extra-Licht aus LED-Pflanzenlampen sorgt bei den Keimlingen für ein gutes Wachstum. Ergänzend dazu gibt es Heizmatten, die für eine gleichmäßige Keimtemperatur sorgen.

DIE ERDE MACHT'S

Für die Anzucht verwendet man optimalerweise Anzuchterde. Sie ist nährstoffarm, luftdurchlässig, feinkrümelig und frei von Pilzen und Mikroorganismen. Beste Voraussetzungen, damit sich die Keimlinge anstrengen müssen auf der Suche nach Nahrung und um ein dichtes, kräftiges Wurzelgeflecht zu bilden.

Alternativen zu Anzuchterde

→ Quelltabs

→ Kokoserde

→ Vermiculit

TIPP

Eine weitere Alternative ist **selbst gemischte Anzuchterde**, die du aus reifem Kompost, Pflanzerde und Sand – zu je einem Drittel – mischst. Die Mischung wird im Ofen für 45 Minuten bei 120 Grad sterilisiert, um das Substrat weitestgehend keimfrei zu machen.

ZIMMERGEWÄCHSHAUS

Um optimale Wachstumsbedingungen für deine Keimlinge zu erreichen, empfiehlt sich ein Zimmergewächshaus. Dieses besteht aus:

→ einer Schale, in der die Anzuchttöpfe oder Quelltabs platziert werden

→ einem transparenten Deckel mit Luftschlitzen, der die Luftfeuchtigkeit gleichmäßig hält

Lüfte das Gewächshaus regelmäßig, damit die Keimlinge ausreichend Frischluft bekommen und sich kein Schimmel bilden kann.

TIPP

Erste Hilfe gegen **Trauermücken**:

→ **Gelbtafeln** – Locken Trauermücken an, die an der Oberfläche kleben bleiben und somit keine Eier mehr in der Erde ablegen.

→ **Zündhölzer** – Zündkopf in die Erde stecken, dadurch sollen die Eier durch Abgabe von geringen Mengen Schwefel absterben. Für die Pflanzen ist das unbedenklich.

→ **Neem-Öl** – Natürliches und gut wirksames Mittel, das, in Wasser verdünnt, auf den Pflanzen und der Erde verteilt wird.

DIY

SAATBAND SELBER MACHEN

Saatbänder haben einen entscheidenden Vorteil: Die Samen sind bereits im optimalen Abstand zueinander angeordnet, sodass du dir späteres Vereinzeln sparst. Selbst gemacht sind sie nicht nur praktisch, sondern noch dazu ein tolles Geschenk für andere Gartenenthusiasten.

Das benötigst du

- → Saatgut von Gemüse oder Kräutern
- → Schere
- → 1 TL Mehl
- → etwas Wasser
- → kleine Schüssel
- → Toilettenpapier oder Küchenrolle
- → Holzstäbchen, Wattestäbchen oder Pinsel
- → eventuell Lineal

SAATBAND VERWENDEN

Zieh eine 1–2 cm tiefe Rille in deinem Beet und lege das Saatband dort hinein. Gieße es mit Wasser an, damit es nicht verrutscht, und bedecke es dann mit etwas Erde. Nun sind die Samen so platziert, dass sie im optimalen Abstand keimen. Das Papier löst sich mit der Zeit auf und verrottet im Beet.

Los geht's!

01 Etwa 80–100 cm Toilettenpapier oder Küchenrolle abwickeln und in 2–3 cm breite Streifen schneiden.

02 Mehl mit etwas Wasser in einer Schüssel zu einem natürlichen Kleber anrühren. Dabei sollte die Masse zähflüssig sein, also nicht zu nass.

03 Mit einem Holzstäbchen, Wattestäbchen oder kleinen Pinsel im passenden Saatabstand einen Punkt mit dem Mehlkleber auf einen Streifen Papier machen und darauf ein Saatkorn legen. Der Saatabstand ist je nach Sorte unterschiedlich und zumeist auf dem Saatguttütchen angegeben. Bei Möhren und Radieschen sind das beispielsweise 2–3 cm und bei Rote Bete 5–10 cm.

04 Zuletzt einen weiteren Papierstreifen passgenau darauflegen, leicht andrücken und trocknen lassen.

05 Die Saatbänder können nun gefaltet oder aufgerollt und in Tütchen aufbewahrt werden. Und nicht vergessen, sie zu beschriften!

BALKON-TIPP

Für kleinere Gefäße kannst du aus den großen Blättern der Küchenrolle auch Saatscheiben machen. Dazu schneidest du einfach Kreise in der Größe der Töpfe aus und gehst genauso vor wie bei den Saatbändern.

DIREKTSAAT IM BEET

Viele Sorten kann man direkt säen. Ein Vorziehen der Pflanzen bringt zwar oft Vorteile mit sich, aber bei einigen Arten macht es Sinn, sie direkt ins Beet zu säen. Du sparst dir dadurch jede Menge Zeit und Arbeit. Einmal im Beet musst du die Aussaaten nur noch gleichmäßig feucht halten und warten, bis die Pflanzen sprießen.

VOR- & NACHTEILE VON DIREKTSAAT

	Vorteile	Nachteile
Direktsaat	→ Zeitersparnis → Platzersparnis → robustere Pflanzen, die gut abgehärtet sind im Freiland → weniger Stress durch Umpflanzen	→ Je nach Art dauert es länger bis zur Erntereife. → Jungpflanzen sind oft beliebt bei Schnecken.
Vorziehen	→ Die Pflanzen wachsen geschützt auf. → sinnvoll bei Arten, deren Vegetationszeit bis zur Fruchtreife lange dauert → Aussortieren der kräftigsten Pflanzen möglich → gleichmäßige Wachstumsbedingungen	→ Die Anzucht von Pflanzen ist zeitaufwendig und dauert mehrere Wochen lang. → Jede einzelne Pflanze braucht Platz, und du benötigst entsprechend viele Anzuchtgefäße.

DIREKTSAAT LOHNT SICH

Bei einigen Arten würde ich gar nicht auf die Idee kommen, sie vorzuziehen. Da ist es für mich ganz selbstverständlich, mit dem Samentütchen in den Garten zu laufen und direkt ins Beet zu säen.

BESONDERS GUT FÜR DIE DIREKTSAAT GEEIGNET

→ Spinat und Feldsalat
→ Möhren und Rübchen
→ Rote Bete und Radieschen
→ Pastinake und Wurzelpetersilie
→ Schwarzwurzeln
→ Bohnen und Erbsen
→ Pflücksalate und Rucola
→ Schnittlauch und Petersilie

SAATGUT SCHNELLER ZUM KEIMEN BRINGEN

Für die Keimung benötigen Saatkörner gleichmäßige Feuchtigkeit. Damit dies besser gelingt, kannst du folgende Tricks anwenden:

01 Größeres Saatgut, wie das von Bohnen, Kürbis oder Gurken, einige Stunden vor der Aussaat in Wasser einweichen.

02 Lauwarmer Kamillentee zum Einweichen hat eine fungizide, also pilzhemmende Wirkung. Das verringert das Risiko von Schimmelbildung.

03 Nach der Aussaat auf gleichmäßige Feuchtigkeit und Wärme achten.

SAATGUT VERWENDEN

Große Saatkörner, wie die von Kürbis oder Bohnen, lassen sich sehr einfach direkt säen. Bei feinerem Saatgut, wie dem von Salat oder zahlreichen Kräutern, ist das schon etwas schwieriger. Am besten mischst du feines Saatgut mit etwas Sand und verteilst dieses auf dem Beet. So können sich die Samenkörner gleichmäßiger verteilen, und du siehst genau, wo du bereits gesät hast.

Bei der Direktsaat wird zumeist mehr Saatgut verwendet als bei der Voranzucht. Das liegt einfach daran, dass man in Aussaattöpfen die Samenkörner abzählt und oft nur einzeln verwendet. Im Beet säst du dichter und dünnst bei manchen Sorten die aufgegangenen Pflänzchen später etwas aus. Plane also für die Direktsaat etwas mehr Saatgut ein.

TIPP

Bei langsam keimenden Sorten wie Lauch oder Möhren kann man schnellkeimende Sorten mit in die Reihe säen als Markierungssaat. Gut eignen sich dafür Radieschen oder Pflücksalat.

AUSSAATKALENDER

Eine übersichtliche Zusammenfassung über die Aussaatzeiten vieler Gemüsesorten und Kräuter findest du hinten im Buch als praktisches Poster zum aufhängen.

HERBST- & WINTERAUSSAATEN

Wie schön ist es doch, wenn selbst in den kalten Monaten frisches Grün geerntet werden kann. Das bereichert nicht nur den Speiseplan, sondern auch den Garten. Versuch dich also ruhig einmal an leckerem Herbst- und Wintergemüse.

GUT GEPLANT IM SOMMER

Willst du im Herbst und Winter Gemüse ernten, geht es bereits in der Zeit von Juni bis August los mit den Vorbereitungen. Auch hier gibt es die drei genannten Möglichkeiten:

→ Gemüse vorziehen

→ Direktsaat

→ Jungpflanzen besorgen

Während in den Sommermonaten deine Beete voll sind mit Erdbeeren, Tomaten und Basilikum, können sich die Aussaaten für das Herbst- und Wintergemüse parallel dazu schon zu kräftigen Jungpflanzen entwickeln. Falls du selber Pflanzen vorziehen willst, kannst du dies an geschützten Stellen auf dem Balkon oder im Garten an einer Hauswand tun. Ansonsten benötigst du die gleichen Utensilien wie zur Anzucht im Frühjahr.

GUT GEEIGNET ZUR DIREKTSAAT UND PFLANZUNG

Juni

→ Asia-Salate
→ Bohnen
→ Brokkoli
→ Chinakohl
→ Eisbergsalat
→ Federkohl
→ Fenchel
→ Grünkohl
→ Kohlrabi
→ Kopfsalat
→ Lauchzwiebeln
→ Mangold
→ Pflücksalat
→ Radicchio
→ Radieschen
→ Rettich
→ Rote Bete
→ Zucchini
→ Zuckerhut

Juli

→ Asia-Salate
→ Bohnen
→ Chinakohl
→ Endivien
→ Federkohl
→ Fenchel
→ Grünkohl
→ Herbstkohlrabi
→ Kopfsalat
→ Lauchzwiebeln
→ Mangold
→ Pflücksalat
→ Radicchio
→ Radieschen
→ Rettich
→ Rote Bete
→ Zuckerhut

August

→ Asia-Salate
→ Feldsalat
→ Herbstkohlrabi
→ Lauchzwiebeln
→ Mangold
→ Pflücksalat
→ Radieschen
→ Rettich
→ Spinat

Welche Arten du wann vorziehen kannst, entnimmst du der Tabelle auf dem Poster.

MEINE LIEBLINGSSORTEN FÜR DEN HERBST- UND WINTERANBAU

- **Brokkoli 'Rasmus'** – Mittelhochwachsende Sorte. Nach der Ernte der Hauptblume kann man die Pflanze im Beet lassen und sich über eine Nachernte als Sprossenbrokkoli freuen.
- **Palmkohl 'Nero di Toscana'** – Ein echtes Highlight im Winterbeet, da er palmenartig wächst. Längliche, graugrüne Blätter, die wie Grünkohl verwendet werden.
- **Winterkopfsalat 'Chez-Le-Bart'** – Hellgrüner Kopfsalat mit rot überlaufenem Blattrand für die frühe Herbstaussaat. Große bis sehr große Köpfe, lange Ernteperiode.
- **Eichblattsalat 'Red Salad Bowl'** – Roter Eichblattsalat, der vom Frühjahr bis zum Herbst angebaut werden kann.
- **Herbstkohlrabi 'Dyna'** – Hellblauer Herbstkohlrabi mit grünen Blättern. Starkwüchsig und mit guter Haltbarkeit. Bei ausreichend Feuchtigkeit bildet er sehr große Knollen mit zartem Fleisch.
- **Winterpostelein** – Auch Winterportulak genannt. Er wird von September bis Oktober gesät. Schmeckt knackig frisch und ist toll als Wintersalat. Mehrfache Ernte möglich, wenn lediglich einzelne Blätter geerntet werden und das Herz der Pflanze stehen bleibt.

TIPP

Für die Anzucht empfiehlt sich langsam wachsendes Herbst- und Wintergemüse, wie zum Beispiel Grünkohl oder Brokkoli. Und außerdem solche Arten, für die du im Sommer noch keinen Platz im Beet hast.

AUF DIE NACHBARN UND VORGÄNGER KOMMT'S AN

Damit dein Herbst- und Wintergemüse gut gedeiht, macht es Sinn, sich Gedanken über Beetnachbarn sowie Vorgänger im Beet zu machen. Kohl sollte also nicht nach Kohl gepflanzt werden und auch kein Starkzehrer nach einem Starkzehrer. Es gilt hier das Prinzip: Welche Arten beeinflussen sich positiv und welche negativ? Welche eignen sich gut als Vor- und Nachkultur? In den Übersichten der Beetnachbarn (ab S. 93) und im Text über die Fruchtfolge (S. 91) findest du dazu sinnvolle Hinweise.

Bereite vor der Pflanzung den Boden auf, indem du die Erde gut lockerst und dem Substrat mit einem Langzeitdünger verbrauchte Nährstoffe wieder zufügst.

DAS SPART ZEIT!

Viele gut sortierte Gärtnereien bieten von Juni bis August vorgezogene Jungpflanzen für die Halbernte an. Besorge dir also kräftige Pflanzen, so sparst du Zeit für die Anzucht.

EXKURS

SPARGEL IM HOCHBEET

Ein Beet mit Grünspargel im eigenen Garten ist einfach und genial zugleich. Du wirst vielleicht keine riesengroßen Mengen ernten können, da das köstliche Frühlingsgemüse recht viel Platz in Anspruch nehmen wird. Aber wer kann schon von sich behaupten, dass er Spargel im eigenen Hochbeet anbaut?

STECKBRIEF

→ Pflanzabstand: 30–40 cm

→ Reihenabstand: 120–140 cm

→ Pflanztiefe: 30–40 cm

→ Boden: nährstoffreich, möglichst sandig und wasserdurchlässig

→ Standort: sonnig

BEETVORBEREITUNG

Spargel wächst, wie man es von den großen Spargelfeldern kennt, in **Reihen**. Als Empfehlung würde ich dir mit auf den Weg geben, dass eine Reihe etwa 1–1,5 m lang sein sollte. Je mehr Platz und je mehr Reihen du zur Verfügung hast, umso besser. Ein Hochbeet mit einer Größe von 1 x 2 m bietet schon ausreichend Platz für eine leckere Ernte.

Gepflanzt wird im **März und April**. Bis dahin wird der Boden tiefgründig gelockert und mit nährstoffreichem Substrat angereichert. Das ist ganz klar der Vorteil des Anbaus im Hochbeet, da du durch die Art des Beetes eine dicke Schicht hochwertiges, lockeres Substrat hast und dich nicht erst mühevoll durch den Gartenboden arbeiten musst.

PFLANZUNG

Grüner Spargel wird als **Rhizom** gepflanzt. Das sind Wurzelstöcke, die in einen etwa 30 cm tiefen und mindestens ebenso breiten Graben gepflanzt werden. Optimal ist es, wenn in den Graben noch eine 5 cm dicke Schicht Kompost sowie Gartenkalk eingebracht wird, auf welche etwas Pflanzerde kommt. Darauf werden schließlich die Rhizome gelegt.

Die Rhizome legst du sternförmig in den Graben, sodass die Wurzeln in alle Richtungen ausgebreitet sind. Dann deckst du den Graben mit Erde ab. Der Pflanzabstand liegt bei etwa 30–40 cm.

PFLEGE UND ERNTE

Im ersten Standjahr solltest du noch nicht ernten. Die Pflanzen müssen erst einwachsen und kräftig werden. Im Sommer lockerst du den Boden und arbeitest Hornspäne oder einen anderen Langzeitdünger ein.

Im zweiten Standjahr kannst du bereits die ersten Spargelstangen ernten. Schneide sie 2–3 cm tief unter der Erde ab, wenn der Grünspargel etwa 20 cm lang ist. Die Erntemenge wird ab jetzt von Jahr zu Jahr zunehmen. Spargelpflanzen können etwa 10 Jahre lang beerntet werden.

TIPP

Du tust deinen Spargelpflanzen etwas Gutes, wenn du dem Boden alle zwei Jahre im Sommer etwas Kalk zufügst.

RUHEPHASE

Geerntet wird immer nur bis zum 24. Juni. Ab dann lässt du die Spargelstangen stehen und gönnst den Pflanzen eine Regenerationsphase bis zum nächsten Frühjahr. Die Spargelstangen bilden ein feines Laub mit kleinen Blüten. Im Herbst, wenn es abgestorben ist, wird es direkt über dem Boden abgeschnitten.

SPARGEL-RHIZOME, ...

... die bei der Pflanzung spinnennetzförmig in Erde gelegt werden

DAS SPART ZEIT!

Den Erntezeitraum kannst du verfrühen, indem du ab Februar eine Folie über die Beete legst. Das erwärmt die Erde schneller. Achte aber darauf, dass das Beet noch ausreichend mit Luft und Wasser versorgt wird.

KAPITEL 4

Keine ZEIT zu PFLEGEN

Ein pflegeleichter Garten, der trotzdem immer grün und bunt ist, der reichlich Ernte beschert – das klingt doch nach einem Traum, oder? Ich verrate dir etwas: Das kannst du mit einfachen Tricks und Tipps leicht umsetzen, und so kannst du mit wenig Aufwand einen tollen Garten genießen.

MULCHEN UND DÜNGEN

Gesunde und kräftige Pflanzen brauchen einen gesunden Boden und ausreichend Nährstoffe. Beides kannst du ganz einfach erreichen – und dabei sogar noch Zeit sparen.

WAS BEDEUTET MULCHEN?

Mulchen bedeutet, dass der Boden mit organischem oder mineralischem Material bedeckt wird, um ihn vor dem Austrocknen zu bewahren und das Wachstum von unerwünschten Beikräutern zu unterdrücken. Durch das Mulchen werden verschiedene Gartenarbeiten auf ein Minimum reduziert. Das spart dir jede Menge Zeit und macht deinen Garten weniger pflegeintensiv.

VORTEILE DES MULCHENS

→ hemmt Unkrautwuchs

→ reguliert Temperaturschwankungen

→ vermindert die Verdunstung

→ Winterschutz bei Kälte

→ verringert Bodenerosionen

WELCHE ARTEN VON MULCH GIBT ES?

	Optimal geeignet für ...
Grasschnitt	Gemüsebeete und Kräuter
Stroh	Gemüse-, Obst- und Kräuterbeete, vor allem für Erdbeeren
Holzhäcksel	mehrjährige Pflanzen und für Wege
Rindenmulch	Pflanzen, die einen eher sauren Boden bevorzugen, wie Heidelbeeren
Schafswolle	Gemüsebeete
Kies oder Schotter	Wege
Mulchfolie	Gemüsebeete
Grünschnitt (klein geschnittenes Pflanzenmaterial)	Gemüsebeete und Kräuter

TIPP

Je dichter deine Beete bepflanzt sind, desto weniger muss gemulcht werden.

BALKON-TIPP

Für den Balkon empfehle ich dir Flüssigdünger, da in Töpfen und Kübeln weniger Mikroorganismen und Kleinstlebewesen vorkommen, die für den Zersetzungsprozess von Langzeitdüngern notwendig sind.

DER DÜNGER MACHT'S

Ein guter, nährstoffreicher Boden ist im Nutzgarten zwar die wichtigste Basis, aber deine Pflanzen brauchen mehr. Sie benötigen Nährstoffe, die dem Boden durch geeignete Düngeprodukte zugeführt werden. Mineralische Dünger sind zumeist in chemischen Prozessen hergestellte Nährsalze. Sie bringen dem Boden die benötigten Mineralstoffe. Ein Beispiel dafür ist Gartenkalk, der eingesetzt wird, wenn der Boden zu sauer ist. Organische Dünger sind pflanzlichen oder tierischen Ursprungs. Dazu zählen unter anderem Hornspäne, Guano, Schafswolle oder Vinasse (entzuckerte Rübenmelasse).

DAS SPART ZEIT!

Verwende Langzeitdünger, der die Pflanzen über zwei bis vier Monate mit Nährstoffen versorgt. Flüssigdünger wird primär als wöchentliche Gabe während der Hauptvegetationsphase verwendet.

N-P-K

Die Bezeichnung N-P-K steht für Stickstoff (N), Phosphor (P) und Kalium (K), also die drei Hauptnährelemente unserer Pflanzen. Daneben brauchen unsere Pflanzen noch andere Elemente wie Magnesium (Mg) oder Schwefel (S).

→ **Stickstoff** fördert das vegetative Wachstum.

→ **Phosphor** wird für die Blüten- und Fruchtbildung benötigt.

→ **Kalium** stärkt die Zellstruktur und reguliert den Wasserhaushalt, macht die Pflanzen also robuster gegen Krankheiten, Schädlinge sowie gegen Frost.

Für viele schmackhafte Früchte benötigst du einen Dünger, der Phosphor (P) enthält. Auf vielen Düngeprodukten wird angegeben, für welche Pflanzen sie geeignet sind und welche Dosierung richtig ist.

TIPP

Kaffeesatz ist ein toller Stickstoff-Dünger, und er fällt ohnehin an, wenn du gerne mal eine Tasse Kaffee trinkst. Mische den abgekühlten Kaffeesatz einfach unter die Erde. Das fördert das Pflanzenwachstum.

BEWÄSSERUNGSTIPPS

Gießen ist eine der zeitintensivsten Gartentätigkeiten, vor allem im Sommer. Und genau da möchte man doch am liebsten den Garten nur genießen und auch mal in den Urlaub fahren. Wie also stellt man es an, dass das Gießen nicht die Lust am Gärtnern verdirbt?

MANUELLE BEWÄSSERUNG

Neben der Gießkanne und dem Gartenschlauch gibt es einfache und praktische Hilfsmittel, die dich bei der regelmäßigen Bewässerung unterstützen. Je nach Größe und Wasserbedarf der Pflanzen kann man sie sogar als Urlaubsbewässerung einsetzen.

MANUELLE SYSTEME

	Wie funktioniert's?	Wofür geeignet?
Ollas	Gefäße aus Ton, die ins Hochbeet eingegraben werden. Durch eine Öffnung, die oberhalb der Erde bleibt, wird Wasser aufgefüllt. Das Wasser sickert durch den unglasierten Ton langsam nach außen ins Erdreich und hält dieses dadurch gleichmäßig feucht.	→ Hochbeete → Gartenbeete → Kübel mit mehreren Pflanzen
Tonkegel mit Flaschen	Tonkegel werden, mit einer mit Wasser befüllten Flasche versehen, in die Erde gesteckt. Der Effekt ist ähnlich wie bei den Ollas, nur dass das Wasser nicht so tief in den Boden gelangt.	→ Einzelpflanzungen → Kübel
Tonkegel mit Schlauch	An Tonkegeln befindet sich ein Schlauch, der in einen Wasserbehälter geführt wird. Daraus wird durch Unterdruck Wasser gezogen. Auch hier sorgt das durch den Ton sickernde Wasser für die Bewässerung.	→ Einzelpflanzungen → Kübel → Hochbeete

AUTOMATISCHE BEWÄSSERUNG

Willst du nichts dem Zufall überlassen? Dann empfehle ich dir, deine Beete automatisch zu bewässern. Das ist bei der Installation einmalig etwas zeit- und kostenaufwendig, danach musst du dich aber kaum noch um die Bewässerung kümmern. Die meisten Systeme funktionieren über die Brauchwasserleitung. Es gibt ebenfalls die Möglichkeit, über Brunnen- oder Wassertonnenpumpen Regenwasser zu verwenden.

DAS SPART ZEIT!

Verwende eine Zeitschaltuhr, durch die deine Pflanzen automatisiert bewässert werden. Optimieren kannst du ein solches System durch Sensoren, die die Bodenfeuchtigkeit messen und nur bei Bedarf die Bewässerung starten.

AUTOMATISCHE SYSTEME

	Wie funktioniert's?	Wofür geeignet?
Tropfschläuche	Schläuche, die in regelmäßigen Abständen Löcher haben, aus denen Wasser tropft und die Erde bewässern. Tropfschläuche werden in der Regel oberirdisch in Schlangenlinien im Beet verlegt.	→ Hochbeete → Gartenbeete
Perlschläuche	Das Material ist wasserdurchlässig, wodurch gleichmäßig Feuchtigkeit nach außen dringt. Es sieht aus, als ob die Schläuche „schwitzen" würden. Sie werden in den Boden eingegraben, am besten so tief, dass man sie beim Hacken nicht beschädigt.	→ Gartenbeete
Tropf- und Sprühsysteme	Verschiedene Tropfer und Sprühdüsen werden an Schläuchen befestigt und bewässern die Pflanzen oberirdisch. Sinnvoll bei weit auseinanderstehenden Pflanzen, die zum Teil unterschiedlichen Bedarf an Feuchtigkeit haben.	→ Einzelpflanzungen → Hochbeete → Gartenbeete

TROCKENHEITSRESISTENTE PFLANZEN

Der Naschgarten muss regelmäßig bewässert werden. Das liegt vor allem daran, dass viele der meist einjährigen Pflanzen nicht so tiefe Wurzeln bilden, wie das bei Sträuchern und Bäumen der Fall ist. Die obere Erdschicht trocknet schneller ab, und daher muss früher und mehr gegossen werden. Als Alternative bleibt eigentlich nur, trockenresistente Pflanzen zu setzen.

TIPP

An diesen Blattmerkmalen kannst du trockenresistente Pflanzen häufig erkennen:

- → dick, fleischig
- → graugrüne Färbung
- → bedeckt mit Blatthaaren
- → eher klein

TROCKENTOLERANTE NASCHPFLANZEN

Kräuter

- → Bohnenkraut
- → Currykraut
- → Gewürzfenchel
- → Majoran
- → Olivenkraut
- → Oregano
- → Rosmarin
- → Salbei
- → Thymian
- → Verbene
- → Ysop

Obst

- → Birnen
- → Bitterorangen
- → Brombeeren
- → Sanddorn

Gemüse

- → Knoblauch
- → Mangold
- → Möhren
- → Pastinake
- → Rote Bete
- → Topinambur
- → Zwiebeln

Rosmarin & Salbei

Sanddorn

Mangold

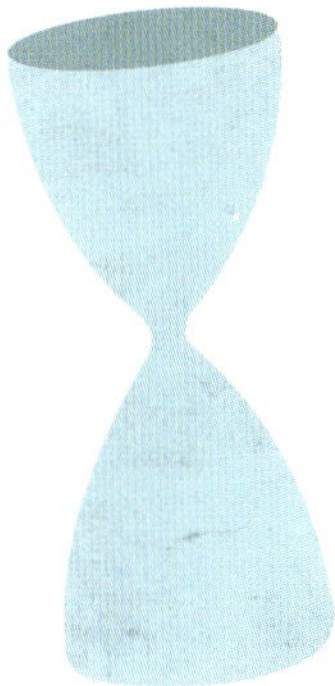

ZWEI ULTIMATIVE ZEITSPAR-TIPPS

Bei dir wächst noch jede Menge Unkraut, und du denkst, du musst jedes Jahr deine Beete umgraben? Dann schau dir mal meine super Tipps an, die dir viel Zeit ersparen und dir die Gartenarbeit sicher enorm erleichtern. So bleibt viel mehr Zeit für andere Dinge.

UNKRAUTFREI FAST VON ALLEIN

Unkraut ist für viele das große Feindwort. Eigentlich schade, denn die vielen Beikräuter, wie sie gerne genannt werden, haben oft einen hervorragenden Nutzen für die Pflanzenstärkung und in der Küche. Brennnessel ist dafür ein gutes Beispiel. Aber zugegeben, zwischen meinen Naschpflanzen möchte ich keine Ackerwinde, keine Distel und keinen Löwenzahn haben. Also weg damit, oder noch besser: Sie sollen erst gar nicht wachsen!

SO GEHT UNKRAUTFREI

→ Erde lockern, um das Entstehen von Unkräutern von Anfang an zu unterbinden

→ Mulchen, mulchen, mulchen! (S. 114)

→ nach dem Regen Unkraut jäten

→ Keine Mittel wie Essig, Salz oder andere Unkrautvernichter verwenden!

→ möglichst dicht pflanzen

UMGRABEN, WAS SOLL DAS?

Früher hat man nach der Saison oder im Frühjahr Beetflächen mit Spaten und Grabegabel umgegraben. Auf Ackerflächen sieht man das heute noch. Aber ist das im eigenen Naschgarten überhaupt notwendig und vor allem richtig? Muss diese körperlich anstrengende und zeitintensive Arbeit wirklich sein?

WARUM DU BESSER NICHT UMGRÄBST …

→ Umgraben fördert Bodenlebewesen nach oben. Das kann dazu führen, dass diese durch zu viel Sauerstoff oder Austrocknung eingehen.

→ Mikrosysteme im Boden werden zerstört. Ein Liter Erde enthält bis zu zehn Milliarden Lebewesen.

→ Für das Pflanzenwachstum notwendige Stoffwechselprozesse werden gehemmt.

→ Tiefer liegende Unkrautsamen und Wurzelstücke werden nach oben befördert und können zu keimen beginnen.

→ Umgraben ist anstrengend und dauert lange.

Statt umzugraben, solltest du Gründüngung einsäen oder gesunde Pflanzenreste verteilen. Das schützt den Boden vor dem Austrocknen und reichert ihn mit Nährstoffen an. Gründüngungspflanzen lockern ihn zudem tiefgründig. Entferne im Frühjahr grobe Pflanzenreste und lockere nur die obere Erdschicht.

EXKURS

KNOLLEN IM KÜBEL

Ein großer Kübel, nährstoffreiche Erde und gelegentliches Gießen – das sind die Voraussetzungen, um selbst auf dem Balkon Kartoffeln, Süßkartoffeln oder Topinambur anzubauen. Hast du Lust, das auszuprobieren? Dann legen wir gleich los!

DIE LECKERSTEN KNOLLEN

	Pflanzung	Ernte	Sortenempfehlung
Kartoffeln	vorgekeimte Saatkartoffeln ab April	Juli bis Oktober	→ 'Adretta' → 'Blauer Schwede' → 'Heiderot'
Süßkartoffeln	vorgezogene Pflanzen ab Mitte Mai	September bis Oktober	→ 'Beauregard' → 'Orleans'
Topinambur	Knollen von März bis April	September bis November	→ 'Wilda' → 'Violet de Rennes'

PFLANZUNG UND PFLEGE

Die Kübel sollten mindestens 30 Liter Fassungsvermögen haben. Pro Kübel nimmst du zwei bis drei Saatknollen von Kartoffeln und Topinambur oder eine Pflanze der Süßkartoffel. Ich empfehle dir, für jede Sorte einen separaten Kübel zu verwenden.

Der optimale **Standort** ist geschützt und sonnig. Verwende ein sehr nährstoffreiches Substrat. Süßkartoffeln und Topinambur düngst du im Juni mit einem **Langzeitdünger** einmal nach. Während der Wachstumsphase sollte die Erde immer feucht sein und Staunässe vermieden werden.

KARTOFFELN

Saatkartoffeln werden bei kühler Temperatur bereits im März an einem hellen Ort **vorgekeimt**. Im April, wenn kräftige, kurze Keime zu sehen sind, legst du die Knollen in einen Kübel auf eine ca. 10–15 cm hohe Erdschicht und bedeckst sie mit einer weiteren Schicht Erde. Nach einiger Zeit wächst dort die Kartoffelpflanze heraus. Wenn diese etwa 10 cm hoch ist, wird sie wiederum komplett mit Erde bedeckt. Das machst du so lange, bis der Topf bis zum Rand mit Substrat gefüllt ist. Die Pflanze wird 50–70 cm hoch, und es bilden sich zumeist weiße Blüten.

Wenn das Laub zu verwelken beginnt, kannst du **ernten**, indem du den Kübel einfach ausleerst und die Kartoffeln aufsammelst. Du kannst mit der Ernte aber warten, bis du die Kartoffeln benötigst. Denn je länger sie im Boden bleiben, desto lagerfähiger sind sie. Bei zu viel Nässe können die Knollen faulen. Ernte vor dem ersten Bodenfrost.

SÜSSKARTOFFELN

Süßkartoffeln kannst du als vorgezogene Jungpflanzen kaufen und diese Mitte Mai, nach den Eisheiligen, **einpflanzen**. Sie werden recht groß und bilden lange Ranken. Im Sommer bilden sich je nach Sorte hübsche Blüten und im Frühherbst, etwa ab September, beginnt die Pflanze zu verwelken. Nun kann **geerntet** werden. Wenn du noch etwas Geduld hast und das Wetter es zulässt, warte mit der Ernte bis Oktober, dann können die Knollen noch an Größe zulegen.

TOPINAMBUR

Aus den Knollen des Topinamburs wachsen über den Sommer bis zu 2 m hohe Triebe, an denen gelbe, an Sonnenblumen erinnernde Blüten entstehen. Damit ist Topinambur im Sommer auch eine sehr schöne Blühpflanze, die einen gewissen Sichtschutz bietet.

Ernten kannst du ab September. Dazu gräbst du einfach die benötigte Menge Knollen aus. Willst du im nächsten Jahr erneut ernten, bleiben einfach einige Knollen in der Erde und der Kübel wird frostfrei gehalten. Daraus wachsen im Folgejahr erneut Triebe, und es entstehen wieder neue Knollen.

TIPP

Topinambur solltest du besser nicht ins Gartenbeet pflanzen. Es empfiehlt sich immer der Anbau im Kübel, denn die rhizomartigen Knollen wachsen schnell und verbreiten sich oft ungewollt. Topinambur kann damit leicht zur Plage werden.

HÄUFIGE SCHÄDLINGE

Auf Blattläuse und Schnecken wirst du im Laufe der Saison öfter treffen. Welche typischen Schädlinge noch vorkommen und wie du sie natürlich bekämpfen kannst, erfährst du hier.

SCHÄDLINGE UND IHRE NATÜRLICHEN GEGNER

	Erkennung und Schadbild	Natürliche Bekämpfung	Natürlicher Feind
 **Blattläuse**	→ 2 mm große Tierchen in grün, schwarz oder orange → saugen Pflanzensaft aus jungen Trieben, Blättern und Knospen → oft auf der Unterseite junger Blätter zu finden	→ wenige Läuse mit der Hand abstreifen → größeren Befall mit kräftigem Wasserstrahl abspülen → Besprühen betroffener Pflanzenteile mit einer Mischung aus Wasser und Rapsöl (S. 54)	→ Florfliegen → Marienkäfer → Ohrwürmer → Schlupfwespen → Schwebfliegen
 **Erdflöhe**	→ winziger schwarzer Käfer → frisst kleine Löcher in Blätter von Kohl, Radieschen, Rettich und Mais → Larven ernähren sich von Wurzeln und schädigen Jungpflanzen	→ Boden regelmäßig lockern, gießen und mulchen → Großen Befall mit Wermutjauche behandeln; diese stellst du wie eine Pflanzenjauche (S. 127) her und spritzt die befallenen Pflanzen damit.	→ Igel → Nematoden → Raubkäfer → Schlupfwespen → Spitzmäuse
 **Kohlweißlinge**	→ Die Raupen fressen Blätter und junge Triebe von Kohlpflanzen und Kreuzblütengewächsen.	→ Blattunterseiten nach gelben Eiern absuchen und diese mit den Fingern wegwischen → Vorbeugung durch Kulturschutznetz über den Pflanzen	→ Schlupfwespen
 **Gemüsefliegen**	→ verschiedene Arten, die auf bestimmte Pflanzen spezialisiert sind (Möhrenfliege auf Möhren, Kohlfliege auf Kohlpflanzen) → Larven fressen Keimlinge und Wurzeln und futtern sich sogar in die Frucht hinein.	→ Vorbeugung durch Kulturschutznetz direkt nach der Aussaat → bei Befall Pflanzen mit einer Brühe aus Rainfarn oder Salbei abspritzen	→ Gallmückenlarven → Ohrwürmer → Raubkäfer → Schlupfwespen

	Erkennung und Schadbild	Natürliche Bekämpfung	Natürlicher Feind
 **Ameisen**	→ Ameisen „züchten" Blattläuse. → Ansonsten sind Ameisen nützlich, denn sie ernähren sich von anderen Schädlingen, wie zum Beispiel Raupen.	→ Regelmäßiges und kräftiges Gießen hilft gegen Nester in den Beeten.	→ Raubwanzen → Spechte → Spinnen
 **Schnecken**	→ Nacktschnecken fressen in erster Linie Jungpflanzen und können sehr schnell ganze Pflanzen vernichten.	→ regelmäßig in der Dämmerung Schnecken absammeln → „Ablenkungspflanzen" wie Tagetes zum Fernhalten pflanzen → Schneckenschutzkanten für Hochbeete und Kübel	→ Blindschleichen → Eidechsen → Igel → Kröten → Spitzmäuse
 **Wurzelläuse**	→ befallen Wurzeln vor allem von Salatpflanzen oder Möhren → Ameisen treten häufig als Verbündete auf.	→ ausreichend und regelmäßig gießen → Boden hacken	→ Hundertfüßer → Laufkäfer
 **Weiße Fliegen**	→ Läuse, die den Pflanzensaft aus Gewächsen in feuchtwarmem Klima saugen → sitzen häufig auf den Unterseiten von Blättern → Schaden ist meist nicht erheblich	→ Besprühen der Pflanzen mit einer Mischung aus Wasser und Rapsöl (S. 54) oder einem Knoblauchsud (S. 126)	→ Schlupfwespen → Spinnen
 **Raupen**	→ Raupen ernähren sich von Blättern unterschiedlicher Pflanzen. → Charakteristisch sind abgefressene Blätter mit gezacktem Rand.	→ einzelne Raupen absammeln	→ Igel → Kröten → Mäuse → Vögel
 **Spinnmilben**	→ kleine Spinnentiere → sitzen bevorzugt auf der Unterseite von Blättern oder frischen Triebspitzen und saugen Pflanzensaft aus → erkennbar an weiß-silbrig erscheinenden Blättern	→ Blattunterseiten gründlich mit einem kräftigen Wasserstrahl abspritzen → befallene Pflanzenteile abschneiden	→ Florfliegen → Marienkäfer → Raubkäfer → Raubmilben → Schlupfwespen → Spinnen

DIY

MARIENKÄFERHAUS IN FÜNF MINUTEN!

Marienkäfer sind die stärkste Waffe gegen Blattläuse. Um uns mit den hübschen Käfern gut zu stellen, bauen wir ihnen ein Haus, in welches sie sich im Winter zurückziehen und in dessen Umgebung sie sich vermehren und satt essen können.

Das brauchst du

- → stabiler Holzstab oder Zaunpfosten, etwa 150 cm lang
- → alte Tee- / Kaffeekanne
- → Stroh, trockenes Laub oder Holzwolle

Los geht's!

01 Säubere das Gefäß und trockne es innen gut ab.

02 Stopfe Laub, Stroh oder Holzwolle relativ dicht, aber nicht zu fest in die Kanne.

03 Den Holzstab an eine sonnige, geschützte Stelle in den Boden klopfen und die Kanne mit der Öffnung nach unten auf den Holzstab stecken. Alternativ kannst du die Kanne auch über einen Zaunpfosten stülpen. Das Marienkäferhäuschen sollte so fest angebracht sein, dass Wind und Sturm es nicht herunterwehen können. Eventuell musst du jetzt noch etwas Füllmaterial in die Kanne stopfen.

UNTERSCHLUPF FÜR MARIENKÄFER

In freier Natur finden Marienkäfer Unterschlupf zwischen Holzscheiten, in Laubhaufen, unter Moos oder in Stein- und Mauerritzen. Oft bietest du ihnen wahrscheinlich ohnehin schon Platz, wenn du die eine oder andere Ecke naturbelassen und unberührt lässt. Im Naschgarten und auf dem Balkon kannst du Marienkäfer aber gezielt anlocken, sodass sie in unmittelbarer Nähe zu deinen schützenswerten Gemüsepflanzen und Obststräuchern ein Zuhause finden.

TIPP

Wusstest du, dass ein Marienkäfer 100–150 Blattläuse täglich verspeist? Und seine Larven fressen bis zur Verpuppung bis zu 600 Stück der saugenden Insekten.

PFLANZENSCHUTZ UND -STÄRKUNG

Gesunde und kräftige Pflanzen hast du immer dann, wenn das Zusammenspiel aus nährstoffreichem Boden, ausgewogener Pflanzenmischung und einem natürlichen Verhältnis von Nützlingen zu Schädlingen passt. Wie du deine Pflanzen stärken und schützen kannst, erfährst du auf den folgenden Seiten.

BIOLOGISCHER PFLANZENSCHUTZ

Im Naschgarten sollte es absolut natürlich zugehen. Chemische Mittel haben hier nichts zu suchen, auch wenn ihr Einsatz wohl einfacher und zum Teil schneller wirksam wäre. Aber tu dir und deiner Umwelt einen großen Gefallen und denk über solche Mittel gar nicht erst nach. Denn am Ende willst du deine selbst gezogenen Beeren, Kräuter, Obst- und Gemüseschätze essen.

Also kommen zum Schutz deiner Naschgartenpflanzen nur biologische Mittel zum Einsatz. Das ist auf der einen Seite eine gute Mischung von Pflanzen, die sich gegenseitig guttun (S. 91) und die zu den Standortbedingungen optimal passen. In einem überwiegend schattigen Garten wirst du kaum Freude an sonnenliebenden Tomaten oder Kräutern wie Rosmarin und Thymian haben. Heidelbeeren gedeihen gut auf saurem Boden und würden dich auf einem lehmigen Boden nicht glücklich machen. Auf der anderen Seite ist ein natürliches Verhältnis von Nützlingen zu Schädlingen wichtig. Natürliche Feinde von Schädlingen (S. 122) sind immer die beste Option für einen gesunden Garten.

SO SORGST DU FÜR AUSREICHEND NÜTZLINGE

01 Insektenhotels

02 Igelhäuser

03 Vogelnistkästen

04 Kauf von Nützlingen (Gartencenter)

BIOLOGISCHE HAUSMITTEL GEGEN BLATTSAUGENDE INSEKTEN

→ **Knoblauchsud:** Klein geschnittene Knoblauchzehen mit heißem Wasser überbrühen, 1 Stunde ziehen lassen und über den befallenen Pflanzen versprühen.

→ **Rapsöl in Wasser:** anmischen (S. 54) und mit einem Pflanzensprüher verteilen .

MECHANISCHER PFLANZENSCHUTZ

- → Schneckenzaun gegen Nacktschnecken
- → Drahtgitter unter Hochbeeten gegen Wühlmäuse
- → Gemüsenetz gegen Kohlweißling und Gemüsefliege
- → Traubenschutzbeutel gegen Wespen

BIOLOGISCHE PFLANZENSTÄRKUNG

	Das bewirkt die Pflanzenjauche …
Brennnessel	fördert aktives Bodenleben und Wurzel- sowie Pflanzenwachstum
Ackerschachtelhalm	Darin enthaltene Kieselsäure sorgt für robuste Zellen, stärkt Pflanzen gegen Schädlinge und Pilzerkrankungen.
Beinwell	Bodenanreicherung mit Kalium; fördert Knollen- und Fruchtbildung
Rhabarber	Oxalsäure hält Läuse von Pflanzen fern, sorgt für Gesunderhaltung und Kräftigung pilzanfälliger Pflanzen.
Rainfarn (blühend)	wirkt gegen Spinnmilben, Blattläuse, beißende Schädlinge wie Raupen oder Himbeerkäfer, Rost und Mehltau

SELBER JAUCHE HERSTELLEN

01 Etwa 1 kg Pflanzenmaterial grob schneiden.

02 In einen großen Eimer füllen und mit 10 Liter Regenwasser auffüllen.

03 Umrühren, locker abdecken, sodass noch Luft an die Mischung gelangt und für 10–14 Tage stehen lassen.

04 Täglich umrühren.

ANWENDUNG

Pflanzenmaterial entfernen und Jauche im Verhältnis 1:10 mit Wasser verdünnt über die Pflanzen versprühen oder damit im Wurzelbereich gießen.

DAS SPART ZEIT!

Es gibt auch fertige Jauchen oder in Wasser lösliche Produkte zu kaufen.

SAURE GURKEN
SAURE GURKEN

KAPITEL 5

Keine ZEIT zu NASCHEN

Die Erntezeit ist die Belohnung all der vorherigen Gartenarbeit. Sie ist der Höhepunkt und erfüllt mit Stolz, wenn süße Tomaten, duftende Erdbeeren und knackiger Salat im Erntekorb landen. In diesem Kapitel findest du eine Übersicht, wann was geerntet wird, sowie köstliche Ideen für fixe Rezepte aus dem Naschgarten.

WANN ERNTET MAN WAS?

Bei manchen Naschpflanzen ist es gar keine Frage, wann geerntet wird. Bei anderen dagegen kann es für Gartenneulinge und für diejenigen, die gerne mal neue Pflanzen ausprobieren, etwas kniffliger sein. Diese Liste zeigt dir, wann du ernten kannst.

ES WIRD GEERNTET!

Pflanzenart	Wann wird geerntet?	Wie und was wird geerntet?
Blattgemüse	→ sobald die Blätter kräftig aussehen → bevor die Stängel zu kräftig und holzig werden	→ blattweise → das Herz der Pflanze stehen lassen für weitere Erntephasen
Kopfbildende Salate	→ der Kopf sollte auf Druck fest sein	→ direkt über der Erde abschneiden
Fruchtgemüse	→ Auberginen: bei glänzender, gleichmäßig gefärbter Schale → Gurken: bei glatter Schale und sortentypischer Größe → Kürbisse: wenn der Stiel abgetrocknet ist → Melonen: machen ein hohles Geräusch beim Klopftest (Wassermelone) und zeigen feine Risse am Stielansatz (Zuckermelone) → Paprika / Chili: bei gewünschter Farbe und fester Schote → Physalis / Tomatillos: bei abgetrockneter Lampionhülle → Tomaten: Früchte geben auf Druck leicht nach, der Stiel oberhalb des Fruchtansatzes lässt sich leicht abknicken. → Zucchini: längliche Früchte bei 15–25 cm Länge, runde Früchte etwa bei Tennisballgröße	→ Früchte mitsamt Stielansatz abschneiden → Physalis und Tomatillos lassen sich leicht abzupfen oder fallen reif vom Strauch
Hülsenfrüchte und Mais	→ Bohnen und Erbsen: wenn sich die Kerne gut abzeichnen → Erbsen nicht zu spät ernten, sonst werden sie mehlig → Auskernbohnen: am Strauch abtrocknen lassen → Mais: wenn Bestäubungsfäden und Blätter komplett abgetrocknet sind	→ Bohnen und Erbsen mitsamt Hülsen ernten → Hülsen abzupfen oder abschneiden → Maiskolben abdrehen oder abschneiden

Pflanzenart	Wann wird geerntet?	Wie und was wird geerntet?
Wurzel- und Knollengemüse	→ wenn sich Größe und Blattgrün kaum noch verändern → Knollen nicht zu groß werden lassen, sonst werden sie holzig.	→ Knollen bzw. Wurzeln komplett aus der Erde ziehen
Kohlgemüse	→ Kopfbildende Sorten: wenn der Kopf groß und fest ist; gilt auch für Rosenkohl → Blattkohl: wenn die Blätter groß genug aussehen	→ Kopfbildende Sorten komplett mit Wurzel ernten → Blattkohl immer nur blattweise ernten → Rosenkohl von unten nach oben abernten
Zwiebelgemüse	→ wenn das Laub abknickt und beginnt zu verwelken	→ Zwiebel mitsamt Laub komplett aus der Erde ziehen
Beeren	→ wenn sie ihre typische Farbe haben und sich leicht vom Stiel ziehen lassen	→ einzelne Beeren vom Strauch pflücken oder komplette Verzweigungen abschneiden (zum Beispiel Johannisbeeren)
Kern- und Steinfrüchte	→ Reife Früchte lassen sich leicht abpflücken, ggf. eine Kostprobe nehmen, ob sie sortentypisch süß genug ist.	→ Früchte mitsamt Stiel abpflücken
Kräuter	→ Kräuter nach Bedarf ernten → Die meisten Kräuter sind vor der Blüte am aromatischsten.	→ ganze Stängel oder Zweige abschneiden → mehr zur Ernte und Verwendung auf S. 43: Pflanzenauswahl Kräuter

SAURE 5-MINUTEN-GURKEN

Saure Gurken in nur fünf Minuten Vorbereitungszeit? Mit diesem Rezept gelingt dir das. Sie sind zwar nicht so lange haltbar wie eingekochte Gurken, aber mit nur 1–2 Pflanzen erntest du ohnehin keine riesigen Mengen. Und sie sind so lecker, dass sie ganz schnell vernascht sind.

Zutaten (pro Glas mit etwa 500 ml Inhalt)

→ 4–8 Einlegegurken (je nach Größe mehr oder weniger)

→ 3 TL Salz

→ 1 TL brauner Zucker

→ ½ TL Pfefferkörner

→ je 1 Stängel Fenchelgrün und Petersilie

→ ½ Tasse Essig

So geht's

01 Die Gurken waschen und in ganz dünne Scheiben schneiden.

02 Die Scheiben in ein sauberes Gefäß bis unter den Rand schichten.

03 Salz, Zucker, Pfefferkörner, Kräuter und zuletzt den Essig hinzugeben.

04 Glas fest verschließen und gut durchschütteln, sodass sich alles miteinander vermischt.

05 Gurkenglas in den Kühlschrank stellen und alle 1–2 Stunden kräftig durchschütteln.

06 Die Gurken geben mit der Zeit Flüssigkeit ab und das Glas füllt sich mit dem Sud. Dadurch verliert sich die Säure etwas.

07 Nach 5–6 Stunden sind die Einlegegurken bereits fertig und warten aufs Verkosten.

TIPP

Nach ein paar Tagen sind sie richtig gut durchgezogen und schmecken lecker zu frischem Brot oder als Pickles beim Grillabend. Bewahre das Saure-Gurken-Glas im Kühlschrank auf, damit das Gemüse haltbar bleibt.

GARTEN-FOCACCIA

Selbst gebackenes Brot, das aussieht wie ein Gemälde? Fast zu schön zum Vernaschen! Die Garten-Focaccia ist ein optisches Highlight für dein nächstes Gartenfest. Da kannst du allen mal zeigen, was dein Naschgarten so alles bietet.

Zutaten

Für den Teig

→ 750 g Weizenmehl

→ 1 Päckchen Trockenhefe

→ 3 TL Salz

→ 1 TL Zucker

→ 6 EL Olivenöl

→ Gemüse und Kräuter zum Belegen

Für die Kräuterbutter

→ 125 g weiche Butter

→ frische Kräuter, wie Rosmarin, Estragon, Thymian, Schnittlauch oder Salbei

→ ½ TL Salz

→ nach Geschmack frischer Pfeffer und Zitrone

So geht's

01 Mehl, Trockenhefe, Salz und Zucker in einer Schüssel gut vermengen. Etwa 500 ml lauwarmes Wasser sowie das Olivenöl dazugeben und in 5–10 Minuten zu einem gleichmäßigen Teig verkneten. Er sollte sich am Ende leicht vom Schüsselrand lösen lassen. Teig etwa 1 Stunde lang bei Zimmertemperatur gehen lassen.

02 Den Ofen auf 220 °C (Umluft) vorheizen.

03 Zutaten zum Belegen waschen und nach Belieben schneiden. Optimal eignen sich Tomaten, Zucchini, Auberginen, Zwiebeln und Kräuter.

04 Teig noch einmal gut durchkneten und auf einem mit Backpapier ausgelegten Backblech etwa 2–3 cm dick ausrollen.

05 Den ausgerollten Teig mit etwas Olivenöl bestreichen und mit dem Gemüse belegen. Jetzt entsteht dein Kunstwerk. Die Zutaten leicht in den Teig drücken, so bleiben sie besser haften.

06 Zuletzt das Gemüse noch mit etwas Olivenöl beträufeln und die Focaccia im Ofen für etwa 20–25 Minuten goldbraun backen.

07 Für die Kräuterbutter die Butter glatt rühren, Kräuter fein hacken und mit einer Gabel zusammen mit dem Salz sowie nach Geschmack Pfeffer und Zitrone unter die Butter rühren. Die Kräuterbutter kann man gut in kleine Aufbewahrungsdosen füllen und sogar portionsweise einfrieren.

NASCH-GARTEN-GAZPACHO

Eine Gazpacho ist eine kalte Gemüsesuppe, die im Wesentlichen aus Tomaten und Gurken besteht. Genau das, was dir dein Naschgarten im Sommer bietet. Und da dir dein Garten noch mehr schenkt, habe ich die klassische andalusische Gazpacho ein bisschen abgewandelt für dich.

Zutaten (für 2 Personen)

→ 3–4 Tomaten

→ 1 kleine Gurke

→ 1 kleine Zucchini

→ 1 Apfel

→ 5–10 Himbeeren

→ 1 rote Paprika

→ 1 kleine Zwiebel

→ 1 Knoblauchzehe

→ 1 EL Olivenöl

→ Salz

→ Pfeffer

→ Cayennepfeffer

→ Petersilie zum Garnieren

So geht's

01 Gemüse und Obst waschen und (bis auf die Himbeeren) klein würfeln. Von Gurke, Tomate, Zwiebel und Paprika legst du jeweils 2 EL beiseite. Den Rest inklusive der Beeren in den Mixer geben oder in ein hohes Gefäß, um alles anschließend mit dem Pürierstab fein zu mixen.

→ Tipp: Die Tomaten kannst du vorab kreuzweise einschneiden, mit kochendem Wasser überbrühen, kalt abschrecken und dann die Schale abziehen.

02 Das Gemüsepüree mit den Gewürzen abschmecken. Wenn es dir zu stückig oder sämig ist, passiere es durch ein Sieb oder gib etwas Wasser dazu. Anschließend die Gazpacho in den Kühlschrank stellen und 1–2 Stunden gut durchkühlen.

03 Auf der Suppe richtest du die zuvor beiseitegelegten Gemüsestückchen sowie die Petersilie an. Das gibt der kalten Suppe einen köstlichen Crunch. Gut dazu passt übrigens die Garten-Focaccia von S. 133.

TIPP

Wenn du es eilig hast, dann kannst du auch Eiswürfel in die Gazpacho geben, um die Suppe schnell zu kühlen.

REZEPT

GURKEN-COCKTAIL ALKOHOLFREI

Was wäre ein Sommer ohne Sommerdrink? Dein Naschgarten bietet dir dazu jede Menge köstlicher Zutaten. Für den alkoholfreien Gurkencocktail brauchst du lediglich Gurke und Rosmarin aus deinem Garten. Der Drink schmeckt herrlich erfrischend.

Zutaten

Für den Rosmarinsirup

- → 500 ml Wasser
- → 200 g brauner Zucker
- → 1 Bio-Zitrone
- → 1 Bio-Limette
- → 8–10 Rosmarinstängel

Zutaten (pro Cocktail)

- → 1 Snackgurke
- → 2 cl Rosmarinsirup
- → 100 ml Mineralwasser
- → Eiswürfel

So geht's

01 Zuerst bereitest du den Rosmarinsirup zu. Dazu das Wasser in einem Topf aufkochen und den Zucker darin auflösen. Dann die gewaschene und in Scheiben geschnittene Zitrone und Limette dazugeben sowie die Nadeln der Rosmarinzweige. Diese kannst du ganz einfach gegen die Wuchsrichtung vom Stängel streifen.

02 Den Sirup 1 Stunde lang bei schwacher Hitze köcheln lassen und anschließend durch ein feines Sieb in eine saubere Flasche abseihen. Gut auskühlen lassen, bevor du ihn für deinen Cocktail verwendest.

03 Für den Gurkencocktail die Snackgurke schälen, in Stücke schneiden und ganz fein mixen. Dann gießt du den Saft durch ein feines Sieb ab.

04 Mische den Gurkensaft nun mit den übrigen Zutaten, Eiswürfel dazugeben und am besten unter dem Sonnenschirm in deinem Garten genießen. Ein köstlicher Durstlöscher nach einem schönen Gartentag.

TIPP

Wenn du einen Cocktail mit Alkohol bevorzugst, verwende statt Mineralwasser Sekt oder verfeinere den Gurkencocktail mit 2 cl Gin.

REZEPT

TOMATEN-MÖHREN-MARMELADE

Tomaten und Möhren haben von Natur aus eine gewisse Fruchtsüße. Warum daraus nicht eine Marmelade kochen? Probiere es einmal aus, das schmeckt richtig lecker zu frischem Brot.

Zutaten

→ 1 kg reife Tomaten

→ 700 g Möhren

→ 500 g Gelierzucker 3:1

So geht's

01 Die Tomaten am Boden kreuzweise einritzen und mit kochendem Wasser übergießen. Dann kalt abschrecken und die Haut ablösen. Die Früchte halbieren und den Strunk sowie das Kerngehäuse entfernen.

02 Die Möhren schälen und klein schneiden.

03 Tomaten und Möhren in einem Topf 10–15 Minuten lang weich kochen und anschließend pürieren.

04 Das Gemüsepüree in einem Topf mit dem Gelierzucker vermischen und alles unter Rühren zum Kochen bringen. 3 Minuten lang sprudelnd kochen, währenddessen immer schön weiter rühren.

05 Den Tomaten-Möhren-Aufstrich heiß in saubere Gläser füllen und gut verschließen.

TIPP

Herzhafte Marmeladen schmecken toll zu Käse. Du kannst die Tomaten-Möhren-Marmelade daher sehr gut mit Kräutern wie Thymian oder Salbei verfeinern. Dazu einfach die sehr fein gehackten Kräuter beim Einkochen untermischen.

REZEPT

BEEREN-CRUMBLE IM GLAS

Mein liebstes Kuchendessert ist der Crumble. Verwende dafür Beeren aus dem Garten: Himbeeren, Johannisbeeren, Stachelbeeren oder Erdbeeren, sehr lecker auch in der Mischung mit Birnen- oder Apfelstückchen. Der besondere Kick: Rosmarin und Thymian für eine duftige Note.

Zutaten (für 3–4 Portionen)

- → 100 g Weizen- oder Dinkelmehl
- → 100 g Haferflocken
- → 50 g gemahlene Mandeln
- → 80 g Zucker
- → 1 Prise Salz
- → 120 g kalte Butter
- → je 1 Zweig Thymian und Rosmarin
- → 250 g frische Beeren
- → 3 EL brauner Zucker

So geht's

01 Mehl, Haferflocken, Mandeln, Zucker und Salz in einer Schüssel vermischen.

02 Butter in Stückchen schneiden und mit den trockenen Zutaten zu einem krümeligen Teig vermengen.

03 Thymian- und Rosmarinblättchen vom Zweig zupfen, Rosmarin fein hacken.

04 Beeren waschen, trocken tupfen und mit braunem Zucker und den Kräutern mischen.

05 Früchte in ofenfeste Gläser füllen, dann die Streusel darauf verteilen.

06 Crumble im vorgeheizten Backofen bei 180 °C (Umluft) für 15–20 Minuten backen, bis die Streusel goldbraun sind.

REGISTER

A

B

C

D

E

F

G

H

I

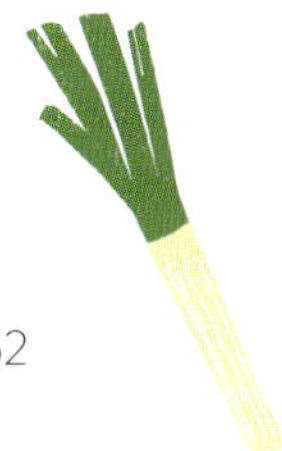

J

K

L

M

N

O

P

R

S

T

U

V

W

Y

Z

BEZUGSQUELLEN

SAATGUT

Miss Greenball – handgerollte Seedballs, ausgewähltes Saatgut und Gartenhelfer
www.miss-greenball.de | @missgreenball

Sativa Bio-Saatgut
www.sativa.bio/de | @sativa.bio

Bingenheimer
www.bingenheimersaatgut.de | @bingenheimersaatgut

Bio-Hof Jeebel
www.biogartenversand.de

Don Giardino Saatgut Manufaktur
www.saatgutmanufaktur.de | @don.giardino

KRÄUTER-, OBST- UND GEMÜSEPFLANZEN

Lubera
www.lubera.com | @luberagartenvideo

Volmary
www.volmary.com | @volmary_garten

Rühlemann's
www.kraeuter-und-duftpflanzen.de | @ruehlemanns.kraeuter

Staudengärtnerei Gaißmayer
www.gaissmayer.de | @staudengaertnerei_gaissmayer

Gärtnerei Blu
www.blu-blumen.de | @bluschmeckt

HOCHBEETE

UMS Manufaktur
www.ums-metall.de | @ums.manufaktur

SWAT
www.swat-hochbeet.com | @swat_crew_ideenwerkstatt

GERÄTE, BEKLEIDUNG UND ACCESSOIRES

Krumpholz
www.krumpholz1799.de | @krumpholz_werkzeuge

Manufactum
www.manufactum.de | @manufactum

Daheeme
www.daheeme.com | @daheeme

FloraManufaktur – Gartenkleidung
www.floramanufaktur.se | @floramanufakturofficial

Muck Boots
www.muckbootcompany.de | @muckbootco

Esschert Design
www.esschertdesign.com/de | @esschertdesign

Gardena – Bewässerung
www.gardena.com | @gardena.dach

ÜBER DIE AUTORIN

In ihrem Garten Zeit zu verbringen, ist für Sandra Jägers pures Lebensgefühl. Der Garten bedeutet für sie gleichermaßen Ruhepol, Rückzugsort und Inspirationsquelle. Besondere Leidenschaft gilt dabei dem Naschgarten mit all seiner duftenden und wohlschmeckenden Vielfalt. Seit 2012 teilt sie ihre gärtnerischen Erfahrungen und Erlebnisse auf ihrem Blog grüneliebe.de, und sie nimmt ihre Follower*innen in den sozialen Medien mit in ihren Garten.

Als zweites grünes Standbein hat sich Sandra das Unternehmen **Miss Greenball** aufgebaut, mit dem sie in eigener Handarbeit hergestellte Seedballs vertreibt und auf diese Weise versucht, die Welt ein bisschen bunter zu machen.

→ Blog: www.grueneliebe.online

→ Shop: www.miss-greenball.de

→ Instagram: @grueneliebe_miss_greenball

DANKSAGUNG

Mein größter Dank geht an meinen Mann Andreas, der mich immer und in allen Lebenslagen unterstützt und mir mit Rat und Tat zur Seite steht. Außerdem danke ich meiner Familie, die stets hinter mir und meiner Begeisterung für den Garten steht, sowie unserer Hündin Pandai für ihre tatkräftige Unterstützung beim Buddeln im Garten.

Danke auch an den EMF-Verlag, in erster Linie Anne Schäfer-Hörr, die mich bei diesem Buchprojekt tatkräftig unterstützt hat, und Silvia Keller, die für die großartige Gestaltung des Buchs verantwortlich ist. Zudem möchte ich mich bei meiner Lektorin Antje Krause für die konstruktiven Rückfragen und die Unterstützung bedanken.

Außerdem geht natürlich ein besonderer Dank an all meine Leser*innen und Follower*innen meiner Bücher und meines Blogs sowie in den sozialen Medien. Ihr teilt mit mir meine Leidenschaft für den Garten und motiviert mich mit euren Fragen, Kommentaren und Inspirationen jeden Tag aufs Neue.

IMPRESSUM

Bibliografische Information der Deutschen Bibliothek.

Die Deutsche Bibliothek verzeichnet diese Publikation in der Deutschen Nationalbibliografie.

Detaillierte bibliografische Daten sind im Internet über http://www.dnb.de abrufbar.

Bei Fragen zur Produktsicherheit wenden Sie sich an:

Edition Michael Fischer GmbH

Kistlerhofstr. 70

81379 München

kontakt@emf-verlag.de

EIN BUCH DER EDITION MICHAEL FISCHER

1. Auflage 2026

Cover & Layout: Silvia Keller

Satz: Silvia Keller, Annika Rudolff

Produktmanagement: Anne Schäfer-Hörr, Saskia Hauck, Anneliese Roth

Lektorat: Antje Krause

Fotografien von Sandra Jägers, mit Ausnahme der Folgenden: S. 4 (oben rechts), 23, 39 (links): Andreas Jägers

Illustrationen: © GoodStudio/Shutterstock

ISBN 978-3-7459-3366-6

www.emf-verlag.de